高精度智能化水准测量与平差

主　编：高孝敏　垢元培　董国明

参　编：田桂娥　吴晓伟　刘少春

　　　　于立民　张　鸽　孙宇佳

　　　　刘思辰　常素彩　任高飞

燕山大学出版社

2020·秦皇岛

图书在版编目（CIP）数据

高精度智能化水准测量与平差 / 高孝敏，垢元培，董国明主编. —秦皇岛：燕山大学出版社，2020.9

ISBN 978-7-5761-0062-4

Ⅰ．①高… Ⅱ．①高…②垢…③董… Ⅲ．①测量平差 Ⅳ．①P207

中国版本图书馆 CIP 数据核字（2020）第 166735 号

高精度智能化水准测量与平差

高孝敏 垢元培 董国明　主编

出 版 人：陈　玉
责任编辑：朱红波
封面设计：刘韦希
出版发行：燕山大学出版社
地　　址：河北省秦皇岛市河北大街西段 438 号
邮政编码：066004
电　　话：0335-8387555
印　　刷：英格拉姆印刷(固安)有限公司
经　　销：全国新华书店

开　本：787mm×1092mm　1/16	印　张：11.75	字　数：202 千字
版　次：2020 年 9 月第 1 版	印　次：2020 年 9 月第 1 次印刷	

书　　号：ISBN 978-7-5761-0062-4
定　　价：38.00 元

内 容 提 要

　　《高精度智能化水准测量与平差》是高精度、智能化、全集成的水准测量工具图书，系统阐述了温度改正、重力改正、固体潮改正等10项相关改正与网平差。主要应用于国家所有等级高程控制测量、高精度的地面沉降监测、建筑变形监测、地方所有等级高程控制测量、高铁等精密工程水准测量、常规建筑工程水准测量及仪器与标尺的检测等，适用于各等级水准的高差与高程测量。

　　本书根据各种水准测量规范，结合工程水准测量的实际，将水准等级从高到低依次划分为特等、一等、二等、精密、三等、四等、五等、六等、七等、八等共10个等级，并参照各种水准测量规范补充完善了六至八等水准测量的精度指标。

　　本书包括：水准测量原理、仪器与标尺介绍、水准测量规范、测点与测线、基本计算、基础改正、分段改正、起点改正、精度评定、闭合改正、技术设计、测网布设、外业测量、检查验收等各项内容。

　　本书可作为测绘地信类专业师生的教材，也可作为地质、采矿、交通、建筑等工程领域技术人员、科研人员的专业用书，并可作为相关专业的成人教育、岗位培训及自学用书。

前　　言

　　本书是一本能满足测绘地信类教师、学生、相关技术与科研人员需求的水准测量专业工具书。作者结合长期水准测量工作实践和科研成果，通过提炼不同行业高精度水准测量规程与规范相关内容，在研发水准测量软件的基础上，经整理、汇总后完成本书的编写。

　　本书系统阐述了水准测量10项相关改正与网平差，填补了国内水准测量专业技术图书的空白，适用于各等级水准的高差与高程测量。本书注重专业应用能力和实践能力的培养，以培养水准测量领域高级应用型专业人才为宗旨，结合水准测量新技术的发展与应用，以水准测量的工作流程为主线，将水准测量数据采集与处理的自动化贯穿始终，通过系统阐述水准测量技术的基本概念、基本原理、基本方法，以及内业数据处理，构建了高精度、智能化、全集成的水准测量知识体系。

　　本书阐述了水准测量的基本知识，介绍了水准仪与水准尺、水准测量规范与基本要求、测线与测网类型、基本计算、基础改正、分段改正、起点改正、测量成果的精度评定、闭合改正、技术设计、水准网的布设、外业测量、成果的整理、检查与验收等内容。在介绍基本知识的同时，力求突出测绘新知识、新技术应用，以适应现代测绘技术发展与应用的需要。

　　本书可作为测绘地信类专业师生的教材，也可作为地质、采矿、交通、建筑等工程领域技术人员、科研人员的专业用书，并可作为相关专业的成人教育、岗位培训及自学用书。

　　本书由高孝敏、垢元培、董国明主编。高孝敏负责全书的总体设计，负责第 4 章、第 5 章、第 6 章、第 9 章、第 10 章及附录的编写，参与第 11 章、第 12 章、第 15 章的编写，并进行图书定稿。垢元培负责第 1 章、第 7 章、第 8 章、第 13 章、第 14 章及第 15 章的编写，参与前言、第 11 章、附录的编写，并全程参与图书修订。董国明负责总体指导，参与第 1 章、第 11 章、第 14 章的编写，参与章节设计与图书审校。田桂娥负责第 2 章、第 3 章、第 11 章的编写，参与第 1 章、第 12 章的编写，并参与图书修订。吴晓伟参与第 2 章、第 3 章、第 11 章、第 12 章的编写及全书详细修订。刘少春负责前言、第 12 章的编写，参与第 2 章、第 11 章、第 14 章的编写及部分修订。于立民参与第 9 章、第 10 章、第 13 章的编写及部分修订。张鸽参与第 4 章、第 5 章、第 13 章的编写及格式排版等。孙宇佳参与第 6 章、第 7 章、第 8 章的编写及文稿审校、图文排版等。刘思辰参与第 4 章、第 5 章的编写及文本修订。常素彩参与第 6 章、第 7 章的编写及文本修订。任高飞参与第 8 章、第 9 章的编写及文本修订。

在本书编写过程中，参考和引用了许多文献和技术资料，得到了河北省地矿局第二地质大队的鼎力支持，受到了华北理工大学、中国地质大学、河北能源职业技术学院、天津城建大学几位教授的悉心指导，得到了河北省地矿局、河北省自然资源厅与河北省地质测绘院等单位的大力支持。在此向这些文献资料的编著者和给予大力支持的院校、单位表示衷心的感谢！同时对燕山大学出版社同志的辛勤工作和劳动表示衷心的感谢！

尽管本书编者从事该领域的工作和研究多年，但由于水平有限，书中不足和不妥之处在所难免，恳请读者给予批评指正。

联系用电子邮件：2489602@qq.com，欢迎交流、探讨、指正。

技术交流微信：kouyuanpei　　技术交流 QQ 群：903199206

编　者

2019 年 8 月

目　　录

第1章 概 述

    水准测量是高程测量中用途最广、精度最高的方法，也是最普遍采用的方法，在高精度高程和高差测量中具有不可替代性。水准测量主要应用于国家所有等级高程控制测量、高精度的地面沉降监测、建筑变形监测、地方所有等级高程控制测量、高铁等精密工程水准测量、常规建筑工程水准测量及仪器与标尺的检测等，适用于各等级的高差与高程测量。

1.1 基本概念

1.1.1 高程与高差

    【高程】（Altitude）是某点沿铅垂方向到某基准面的距离，计量单位米（m），可分为绝对高程和相对高程两类。

    【绝对高程】是某点沿铅垂方向到绝对基准面（大地水准面）的距离，通常简称为高程，用 H 表示，如图 1-1 所示。其中位于大地水准面之上，高程为正；位于大地水准面之下，高程为负。当大地水准面无法取得时，绝对基准面采用似大地水准面替代。

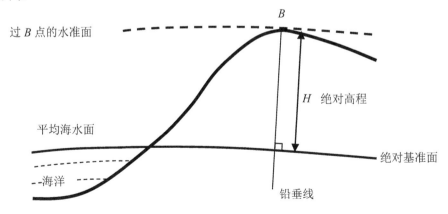

图 1-1　地面点的绝对高程示意图

【相对高程】是某点沿铅垂方向相对某基准面的距离，多用于工程测量，也称假定高程。如图 1-2 中 H' 表示相对高程。位于任意水准面之上，高程为正；位于任意水准面之下，高程为负。通常一个地面点只有唯一的绝对高程，但可以有无数个相对高程。

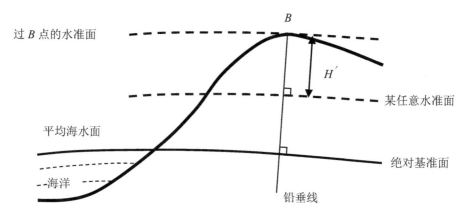

图 1-2 地面点的相对高程示意图

【高差】（Altitude Difference）是两点间高程之差，规定用终点高程减去起点高程，常用 h 表示，计量单位米（m）。如图 1-3 所示，$h_{AB}=H_B-H_A$，若 h_{AB} 大于零值，标识 B 点高于 A 点；若 h_{AB} 小于零值，标识 B 点低于 A 点。由于计算过程中，要求高差必须能表明两点的高低情况，所以高差总是带有观测方向的。从 A 点至 B 点的高差标识为 h_{AB}，从 B 点至 A 点的高差标识为 h_{BA}，两者符号相反，绝对值相等，存在 $h_{AB}=-h_{BA}$。无论采用绝对高程计算的高差，还是采用相对高程计算的高差，两者的数值应是一致的（或近似的）。

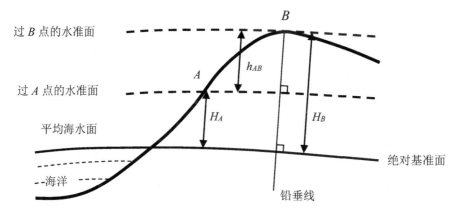

图 1-3 两点间高差示意图

1.1.2 参考面与高程系统

【参考椭球面】是处理大地测量成果而采用的与地球大小、形状接近并进行定位的椭球体表面，也称为大地椭球面。其表面是光滑的，是大地高的测量基准面，一般全球定位系统（GPS）都采用大地椭球面。

【大地水准面】是一个与静止的平均海水面重合并延伸到大陆内部的包围整个地球的封闭的重力位水准面。大地水准面也称重力等位面，是正高的测量基准面，既是一个几何面，又是一个物理面。因地球表面起伏不平和地球内部质量分布不匀，故大地水准面是一个略有起伏的不规则曲面。该面包围的形体近似于一个旋转椭球，常用来表示地球的物理形状，如图 1-4 所示。大地水准面与大地椭球面间不是完全平行的。

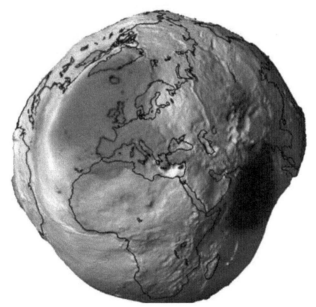

图 1-4　大地水准面示意图（有夸大）

【似大地水准面】是从平均海水面延伸至大陆内部的假想曲面，与大地水准面近似，是大陆内测量正常高的绝对基准面。由于大地水准面的确定涉及地球内部密度的假定，在理论上存在着不严密性，一般很难得到真实的大地水准面。因此，通常在大陆内都采用似大地水准面代替大地水准面，在海洋上大地水准面与似大地水准面完全重合。似大地水准面是我国正常高的起算面，是通过一定的数学关系对应于地面的一个几何曲面，它不是具有物理意义的水准面（不是重力等位面）。

【高程系统】是相对于不同性质的起算面（参考椭球面、大地水准面、似大地水准面、相对水准面等）所定义的高程体系。我国现阶段的高程系统规定采用以似大地水准面为基准的正常高系统。

【大地高】是从地面点沿法线到所采用的参考椭球面的距离。通常采用 GPS 所测量的高程为大地高。

【正高】是地面上一点沿该点的重力线到大地水准面的距离。正高一般很难测得。

【正常高】是地面上一点沿正常重力线到似大地水准面的距离。以似大地水准面定义的高程系统称为正常高系统，目前我国采用的法定高程系统就是正常高系统。正常高通常称为绝对高程或者海拔，也简称高程。采用水准测量的绝对高程值就是正常高；以水准器为基准的测绘仪器（例如全站仪、经纬仪等）测量的高程值通常与水准测量近似，精度比水准测量要低些，都属于正常高系列。

【大地水准面差距】是大地水准面与参考椭球面之间的垂直距离，记为 N，其值等于大地高减去正高。

【高程异常】是似大地水准面与参考椭球面之间的垂直距离，记为 ξ，其值等于大地高减去正常高。

各参考面关系示意图如图 1-5 所示。

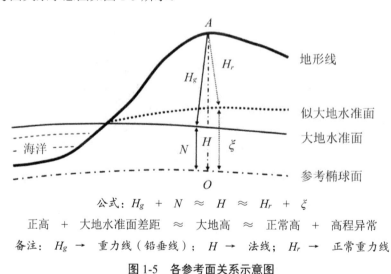

公式：$H_g + N \approx H \approx H_r + \xi$

正高 ＋ 大地水准面差距 ≈ 大地高 ≈ 正常高 ＋ 高程异常

备注：$H_g \rightarrow$ 重力线（铅垂线）；$H \rightarrow$ 法线；$H_r \rightarrow$ 正常重力线

图 1-5 各参考面关系示意图

注意：地球上各点的大地水准面差距及高程异常都不是定值，在一定范围内变化。

1.1.3 高程基准

【高程基准】是由特定的验潮站平均海面确定的测量高程的起算面以及依据该

面所决定的水准原点高程。高程基准定义了陆地上高程测量的起算点，是推算国家统一高程控制网中所有水准高程的起算依据，它包括一个水准基面和一个永久性水准原点。高程基准也称"水准基面"。

【高程基准面】是地面点高程的统一起算面，所有水准测量测定的高程都以这个面为零起算，也就是以高程基准面作为零高程面。我国海洋上采用大地水准面，陆地内采用似大地水准面，作为高程的起算基准面。大地水准面与似大地水准面，由于测绘技术与年代的不同，历史上存在多种高程基准面。

【水准原点】也称水准零点，是水准测量传递海拔高程的基准点，位于山东省青岛市观象山，在国家高程控制网中是所有水准点高程的起算点（图 1-6）。为了建立全国统一的高程控制网，必须确定一个高程起算面（水准基面），作为所有水准点高程的起算基准。通常采用大地水准面作为水准基面，它是沿海验潮站长期的海水面升降观测结果的平均值。由于平均海面并不是重力等位面，不同地点的平均海面可相差 1～2 m 或更多，中国采用设在青岛市的验潮站所确定的平均海面作为水准基面，设立了国家水准零点。

图 1-6 中华人民共和国水准零点图

【1956 年黄海高程系】是根据青岛验潮站 1950—1956 年验潮资料确定的黄海平均海水面作为高程起算面，测定位于青岛市观象山的中华人民共和国水准原点作为其原点而建立的国家高程系统。其水准原点的高程为 72.289 m，于 1987 年 5 月废止。"1956 年黄海高程系"的高程基准面的确立，对统一全国高程有极其重要的历史意

义，对国防和经济建设、科学研究等方面都起过重要的作用。

【1985国家高程基准】是根据青岛验潮站1952—1979年的验潮资料计算确定的高程基准，用此作为全国高程的统一起算面，建立了1985国家高程基准。从潮汐变化周期来看，确立"1956年黄海高程系"的平均海水面所采用的验潮资料时间较短，还不到潮汐变化的一个周期（一个周期一般为18.61年），同时又发现验潮资料中含有粗差，因此有必要更换为新的国家高程基准。1985国家高程基准，于1987年5月启用，用此导出了全国的似大地水准面，是我国现阶段的法定高程基准，是所有水准测量基础依据，其水准原点的法定高程为72.260 m（精确值72.2604 m）。请注意水准原点的高程值不是零值，将水准原点也称为水准零点，仅是人为习惯所致。

1.1.4　水准测量

【高程测量】是测量地球表面各点高程的工作。高程测量的实质是测出两点间的高差，然后根据其中一点的已知高程推算出另一点的未知高程。

【水准测量】（Leveling Surveying）又名"几何水准测量"，是用水准仪和水准尺测定地面上两点间高差的方法。

【转点】又名"转站点"，当地面上两点的距离较远，或两点的高差太大，放置一次仪器不能测定其高差时，就需增设若干个临时传递高程的立尺点（须放置尺垫）。

【水准仪】是建立水平视线测定地面两点间高差的仪器。水准仪分为光学水准仪与数字水准仪两大类。

【水准尺】是水准测量使用的标尺。根据材质不同可分为木尺、玻璃钢尺、铝合金尺、铟钢尺等类型。

【尺垫】是为防止观测过程中水准尺下沉或晃动而设置的底座。尺垫须放置在转点上，严禁放置在水准点上。尺垫根据质量不同，可分为1 kg、3 kg、5 kg等类型。

【连测】是将水准点或其他高程点包含在水准路线中的观测。

【支测】是自路线中任一水准点起，至其他任何固定点的观测。

【接测】是新设水准路线中任一点连接其他水准路线上水准点的观测。

【检测】是为检查已测高差的变化是否符合规定而进行的观测。

【重测】是因成果质量不合格而重新进行的观测。

【复测】是每隔一定时间对已测水准路线进行的水准测量。

1.2　水准测量现状

水准测量历史悠久，是高程测量中精度最高、用途最广、最普遍采用的测量方法。

水准仪是在 17—18 世纪发明了望远镜和水准器后出现的。20 世纪初，在制出内调焦望远镜和符合水准器的基础上生产出微倾水准仪。20 世纪 50 年代初出现了自动安平水准仪；60 年代研制出激光水准仪；90 年代出现电子水准仪（数字水准仪）。历史上，还出现过老式的活镜水准仪等。

自 20 世纪 80 年代以来，许多先进测量仪器陆续出现，在工程测量各个领域得以引进与应用，为工程测量提供了先进的工具和手段，如：激光水准仪、全自动数字水准仪、记录式精密补偿水准仪以及数字水准仪等的出现，使几何水准测量实现了自动安平、自动读数记录、自动检核测量数据等功能，具有速度快、精度高、使用方便、劳动强度低和实现内外业一体化的优点，使工程几何水准测量向自动化、数字化迈进。这些仪器已被广泛用于各类工程施工放样、精密水准测量、大型工程和精密工程的变形监测以及工业自动化测量等领域。

20 世纪 90 年代初，瑞士徕卡（Leica）公司研发出第一代数字水准仪 NA2000，但由于对测量原理认识不足，需安装调焦镜位置传感器测量视距，测量视距后才能计算出测量结果。如果不能够事先已知视距，则需在整个测量范围进行相关运算，即从最短视距开始，对整个标尺进行相关运算，如果没有获得结果，则以一定的步长增加视距，进行重复的运算工作，直到获得测量结果。但这是天量计算，在野外根本无法实现。随着人们对数字水准仪测量原理的进一步认识，采用条码尺的条码本身宽度及其在图像传感器上影像之间的相互关系确定视距，其他厂家生产出的数字水准仪均取消了调焦镜位置传感器。

为了适应野外恶劣的环境条件，仪器生产厂家一方面继续改进仪器的光机结构，使仪器的光机性能更加稳定；另一方面优化图像数据处理软件，消除原软件的不足。在采取这些综合措施后，数字水准仪的性能更加稳定、测量结果更加可靠。各个仪器生产厂家也相应推出了第二代数字水准仪，例如瑞士徕卡公司的DNA系列及SPRINTER系列数字水准仪、美国Trimble公司的DNi12数字水准仪、日本Topcon公司的DL101C/DL102C数字水准仪等。虽然瑞士徕卡公司的DNA系列属于第二代数字水准仪，但它仍然采用徕卡公司最初的因瓦尺条码尺编码原理进行编码，测量原理没有改变，因此在主机上仍然设置有调焦镜位置传感器。瑞士徕卡公司的SPRINTER系列数字水准仪采用了新的编码方法，能够利用条码尺的条码本身宽度及其在图像传感器上影像之间的相互关系确定视距，因此也不需要调焦镜位置传感器来确定视距了。

最初应用到仪器上的图像传感器均为线阵电荷耦合器件（Charge-Coupled Device，CCD）传感器，随着图像传感器技术的进步，SPRINTER系列数字水准仪已经采用了互补金属氧化物半导体（Complementary Metal Oxide Semiconductor，CMOS）传感器，CMOS对图像的感应速度远高于CCD且价格低廉，但过去CMOS的分辨率低于CCD，因而限制了CMOS传感器件的应用，如今CMOS的分辨率也大为改观，已不逊于CCD器件，应用领域得到很大拓展，相信会有更多的数字水准仪厂家把目光投向CMOS器件。

为发展国产数字水准仪，我国许多科技人员自1990年起就开始对数字水准仪测量系统的相关问题进行研究。最初集中在弄清楚数字水准仪的测量原理，发布的研究成果都是在重复介绍仪器生产厂家的技术资料，从2004年开始，国内有关专家才在数字水准仪的编码原理上取得了突破，提出了规避国外专利限制的编码方法，为国产数字水准仪研究突破奠定了理论基础，自此数字水准仪的国产化才进入蓬勃发展时期。

近年来，国外在数字水准仪的自动化、用图像全站仪读取条码尺进行精密水准测量、自发光条码尺及无因瓦带的精密发光条码尺等方面又有了新的研究成果。

1.3 相关工具软件

近期研发的《水准大师》是一款高精度、智能化、全集成的水准测量工具软件，软件功能包括项目管理、标尺校验、i角计算、测点管理、路线管理、路段管理、外业测量、内业计算、各项改正、测网平差、分组合并、数据输入、数据输出、报告输出等，系统集成了10项改正与网平差，涵盖了9种测线类型、9种测点性质、6种测点信度，处理精度达0.1 mm以内，能适用于各等级水准的高差与高程测量。

现阶段其他水准测量软件多为外业记录手簿或平差软件，并以网平差软件为主，功能相对简单，未进行各项改正。外业记录与简单计算软件有《水准测量 Pro》；网平差专用软件有《南方平差易》《科智水准网平差》《科傻软件平差》等。

习 题

第一题：绝对高程采用的基准面是（ ）。［单选］

    A.海平面   B.建筑基准面

    C.大地水准面   D.大地水准原点

第二题：从 A 点至 B 点的高差一般标识为（ ）。［单选］

    A.h_{AB} B.h_{BA}

    C.H_{AB} D.H_{BA}

第三题：水准测量中 h_{AB} 小于零值，表示（ ）。［单选］

    A.A 点高程大于 B 点高程   B.A 点高程小于 B 点高程

    C.A 点高差大于 B 点高差   D.A 点高差小于 B 点高差

第四题：我国现在采用的法定高程系统是（ ）。［单选］

    A.正高   B.正常高

    C.大地高   D.相对高程

第五题：我国现在采用的法定高程基准是（ ）。［单选］

    A.绝对高程   B.1956 年黄海高程

    C.1985 国家高程   D.2000 国家高程

第六题：简述似大地水准面及水准原点的定义。

第七题：简述我国现在使用何种高程系统及高程基准。

第八题：简述大地水准面差距与高程异常的关系式。

第九题：简述水准测量仪器的发展史。

第 2 章　水准仪与水准尺

水准测量需要使用水准仪、水准尺和尺垫。本章主要介绍水准仪和水准尺的分类及结构、水准测量的读数、配套尺垫的应用、水准仪和水准尺的常规检验项目等。

2.1 水准仪

【水准仪】是通过建立水平视线测定地面点间高差的仪器。利用水准仪建立的水平视线，可测量地面点间的高差，间接计算出各点的高程值。水准仪主要部件有望远镜、水准器、补偿器、垂直轴、基座、脚螺旋等。

2.1.1 水准仪的分类

根据安平方式，水准仪可分为手动安平水准仪、自动安平水准仪两类；依据结构等特点，可分为微倾水准仪、螺旋测微水准仪、激光水准仪等；按测量原理，可分为光学水准仪和电子水准仪（又称数字水准仪）两类。对于同一型号水准仪来说，手动安平水准仪精度较低，自动安平水准仪精度较高。参考测量精度，按1 km往返测高差中数中误差的大小，我国的水准仪可分为DS05、DS1、DS3、DS10等系列，其中DS05、DS1可称为精密水准仪，DS3、DS10可称为普通水准仪。开头字母"D"表示"大地测量"，"S"表示"水准仪"，"Z"表示"自动安平"，"05""1""3""10"等分别表示1 km往返测高差中数的中误差为0.5 mm、1 mm、3 mm或10 mm等，目前最精密的水准仪为"03"型，其中误差为0.3 mm。

表2-1　常用水准仪系列参数表

项目　　　　　系列与型号	DS05	DS1	DS3	DS10
每千米往返测高差中数偶然中误差不超过/（mm/km）	±0.5	±1	±3	±10
望远镜放大倍数不小于（倍）	45	38	28	20

（续表）

项目 ＼ 系列与型号			DS05	DS1	DS3	DS10
望远镜物镜有效孔径不小于/mm			55	47	38	28
水准器角值不大于	管状水准器/（″/2mm）	符合式	10	10	20	45
	粗水准器/（′/2mm）	十字型式 圆水泡	3 —	3 —	— 8	— 8
测微器	测量范围/mm		5	5	—	—
	最小分划值/mm		0.05	0.05	—	—
用途			国家一等水准测量及地震水准测量	国家二等水准测量及精密水准测量	国家三、四等水准测量及一般工程水准测量	一般工程水准测量

表2-1给出了常用水准仪系列参数。DS05、DS1为精密水准仪，主要用于国家一、二等及精密工程测量；DS3、DS10为普通水准仪，仅用于国家三、四等及一般工程水准测量。

2.1.2 水准仪的结构

水准仪主要是在水准测量过程中为水准测量提供一条水平视线，其结构包括望远镜、水准器、补偿器、基座、角螺旋、电子装置等，重要部件为望远镜及水准器。

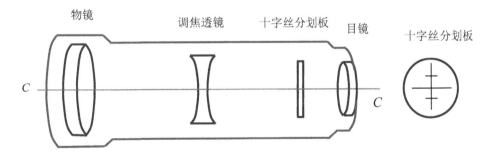

图 2-1 水准仪望远镜结构图

（1）望远镜

【望远镜】主要由四大光学部件组成，包括物镜、调焦透镜、十字丝分划板和目镜。望远镜成像原理主要是通过调节调焦透镜来改变透镜组的焦距，而使得物体能够在十字丝分划板上成清晰的倒立实像。图 2-1 给出了水准仪望远镜的详细结构图，等效物镜光心与十字丝交点的连线 C—C 为视准轴。水准仪观测过程中要求水准器提供的水准轴与望远镜的视准轴相互平行。

图 2-2 给出了望远镜成像原理，f 为望远镜的焦距，当物体在望远镜 2 倍焦距以外时，物体会在望远镜的另外一侧成一个倒立缩小的实像。

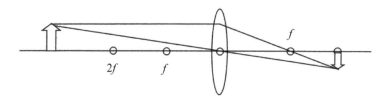

图 2-2　望远镜成像原理图

（2）水准器

【水准器】是用来指示视准轴是否水平或仪器竖轴是否竖直的装置，水准器通常分为圆水准器（图 2-3）和管水准器（图 2-4），圆水准器为粗平时使用，管水准器为精平时使用。不常见的还有十字形水准器，功能与圆水准器近似。

图 2-3　圆水准器

图 2-4　管水准器

【水准器分划值】是水准器上一个分划（2 mm）所对应的圆心角，也称为水准器角值。管水准器分划值的单位用秒/2毫米（″/2 mm）表示，圆水准器分划值的单位用分/2毫米（′/2 mm）表示。水准器的精度高低一般用水准器分划值来表示，水准器分划值的大小直接反映了水准器的灵敏度，分划值越小，则水准器灵敏度越高，整平精度也越高；反之，分划值大，灵敏度低，精度差。水准器分划值的计算公式如下：

$$\tau = \rho \times 2 / R \qquad (2-1)$$

式中，ρ 为计算常数，R 为水准器顶面圆弧的曲率半径（mm）。安装在 DS3 级水准仪上的水准管，其分划值不大于 20″/2 mm。

图2-5水准器顶面的内壁是球面，其中有分划线，分划线的中心为水准器的零点。通过零点的球面法线为圆水准器轴线，当水准器气泡居中时，该轴线处于竖直位置。当气泡不居中时，气泡中心偏移零点2 mm，轴线所倾斜的角值，就是水准器的分划值。水准器内装酒精和乙醚的混合液，加热融封冷却后留有一个气泡。由于气泡较轻，故恒处于管内最高位置。测量过程中，必须通过调整相关螺旋将气泡居中。

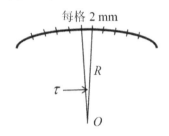

图 2-5　水准器分划值原理图

2.1.3 普通水准仪

普通水准仪是指每千米往返测高差中数的偶然中误差大于 ±1 mm/km 的水准仪，常用于低等级的水准测量，多为手动安平水准仪。现以DS3型的光学水准仪为代表介绍，其外观与基本结构如图2-6所示。脚螺旋用于对圆水准器粗略整平，微动螺旋与微倾螺旋用于对管水准器精确整平。测量过程中，可通过顶部的准星粗略对准标尺，通过物镜调校螺旋看清标尺，通过目镜调校螺旋看清十字分划线，通过横丝进行标尺的人工读数。

图 2-6　普通光学水准仪的结构图

普通数字水准仪使用比较简单，相关操作应参考厂家的使用说明书，主要包括调平、开机、自检、对准、自动测量、电子记录等过程。

2.1.4 精密水准仪

精密水准仪通常是指每千米往返测高差中数的偶然中误差小于等于±1 mm/km的水准仪，精密水准仪有螺旋测微式的光学水准仪，也有自动安平式的数字水准仪等。我国水准仪系列中 DS05、DS1 均属精密水准仪，通常是在普通水准仪结构的基础上增加或缩减少量部件。精密水准仪多采用自动安平结构，自动安平水准仪没有管水准器，仅需人工调节脚螺旋来粗略调平，仪器内部自动补偿、精确调平，节约了测量时间。精密水准仪主要用于国家二等以上水准测量和高精度工程测量（如建筑物的沉降观测、大型桥梁的施工、大型建筑物的施工和设备安装等测量工作）。

带有光学测微器（螺旋测微器）的水准仪，属于光学水准仪，比普通光学水准仪具有更高的精度。将供读数用的光学测微器安装在专用的普通光学水准仪上后，测量精度可达到0.1 mm左右，能用于最高精度的水准测量工作（图2-7）。它包括装在望远镜物镜前的一块平行玻璃板（玻璃板可绕一个横轴作俯仰转动）和一个测微尺（通过连杆与平行玻璃板相连），旋转测微螺旋可使平行玻璃板绕横轴转动（同时也带动了测微尺），从而可测出平行玻璃板转动的量。如图2-8所示，当平行玻璃板与视线垂直时，视线经过玻璃板后不产生位移；但当平行玻璃板不垂直于视线时，根据光的折射原理，视线经过玻璃板后将产生平行的位移，这个平行位移的量与玻璃板的倾角成正比。利用与玻璃板相连接的测微尺，可将平移量精确地测量出来。水准仪上视线的最大平移量有5 mm和10 mm两种（相当于水准尺上一个分划）。测微尺上的最小分划值为最大平移量的1/100（即可直接读出0.05 mm或0.1 mm）。测微尺读数为0时，视线向上平移水准尺的半个分划，这就是测量高差时的视线高。当旋转测微螺旋使楔形横丝精确照准水准尺的分划线时，测微尺上即可精确读出视线平移量$\varDelta$，即水准尺上不足一分划的量，从水准尺可直接读出厘米以上的值，从测微尺上读出毫米及以下的值，故全部读数为两者之和，示例中为1485.4 mm（也可取值至1485 mm）。

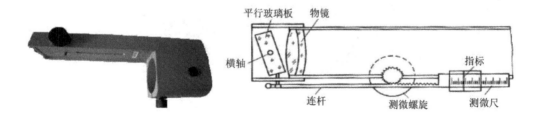

图 2-7 光学测微器外观及结构示意图

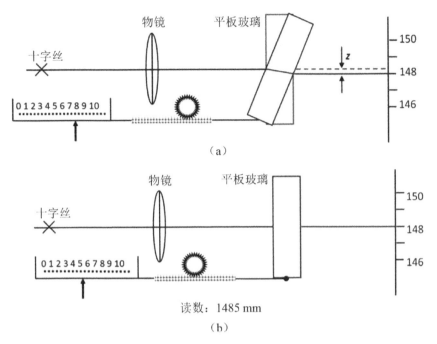

图 2-8　光学测微器的读数原理

　　精密水准仪通常具有高质量的望远镜光学系统、坚固稳定的仪器结构、高精度的测微器装置、高灵敏的管水准器或高性能的补偿器装置等特点。精密数字水准仪的补偿器通常比普通数字水准仪的精度要高些，操作上大同小异。

2.1.5 常用水准仪简介

　　图2-9显示了常用的几种水准仪。图中（a）及（b）分别为Dini03型水准仪、DS05型水准仪，为精密水准仪，其中03型水准仪精度最高（中误差0.3 mm）；（c）至（f）为普通水准仪。（d）、（e）、（f）为自动安平水准仪。其中（a）和（f）为数字水准仪，其余均为光学水准仪。

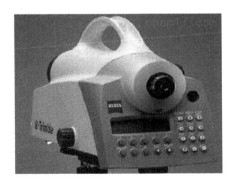

（a）天宝 Dini03 数字水准仪

（b）DS05 光学水准仪

（c）DS3 型光学水准仪　　　　　　（d）DZS3-2T 自动安平光学水准仪

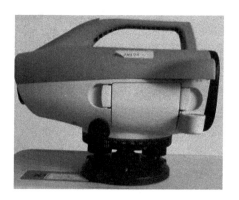

（e）DZS3-1 自动安平光学水准仪　　　（f）DZS3-2T 自动安平数字水准仪

图 2-9　部分水准仪图片

2.2 水准尺

【水准尺】（Level Ruler）是水准测量使用的标尺，简称标尺（或测尺）。水准尺依据所用水准仪不同而有所区别，长度一般从 2～5 m 不等。水准尺根据材质不同可分为木尺、玻璃钢尺、铝合金尺、铟钢尺等；根据精度高低可分为精密水准尺和普通水准尺；根据构造可以分为直尺、折尺和塔尺；根据尺面标识可分为单面水准尺和双面水准尺两大类；根据测量方式可分为传统水准尺和条码水准尺两大类。水准测量时，必须将两把水准尺配合成一对使用，一把称为 A 尺，另一把称为 B 尺，严禁拆离使用。

水准尺的种类繁多，无法一一论述，下面仅选择常用的几种进行简单介绍。

【塔尺】是水准尺的一种，采用铝合金等轻质高强材料制成，由两节或三节采用塔式收缩形式，在使用时方便抽出，将单次高差测量范围大大提高，携带时将其收缩变短。塔尺连接处易磨损，一般不允许用于高精度水准测量。如图2-10为常用的铝合金塔尺。塔尺全长3 m、5 m或7 m，尺的底部为零点。塔尺多是双面尺，尺上黑白（或红白）格相间，每格宽度为1 cm或0.5 cm，每分米处注有数字，数字有正字和倒字两种，分米上的红色或黑色圆点表示米数。

【木尺】采用优质木材制成，多为直尺（有些为折尺），多为双面水准尺，尺长一般为3 m，多用于三、四等以下水准测量，采用各项改正后也允许用于高精度水准测量（但有些规范不推荐使用）。常用的木尺如图2-11所示。尺的两面均有分划，一面为黑白相间，称为黑面尺；另一面为红白相间，称为红面尺；两面的最小分划均为1 cm，只在分米处有注记。一对尺子的黑面尺均由零开始分划和注记；而红面尺，通常分别注记为4.687 m和4.787 m，两把红面尺注记的零点差为0.1 m。进行水准测量时必须要选择配对的水准尺，即红面注记不同的水准尺。

【因瓦尺】是特种专用的高精度水准标尺，材质通常为铟钢、铝合金、复合材料等，分为条码因瓦尺（适用于数字水准仪）和传统因瓦尺（或称线条因瓦尺，适用于光学水准仪），优点是采用因瓦带刻划，并按一定条件固定在尺框内，测量精度高。因瓦尺多为单面尺，主要特点有：一是用因瓦带作刻划读数的基质，材料较贵，热膨胀系数较小；二是刻划精度较高（并不要求刻划等分很细），是一般水准尺做不到的；三是固定因瓦带有讲究，基本上是正好自由状态，用手触动可以感觉到。条码因瓦尺须与数字水准仪配套使用，其表面为稀密不一的条形码，水准测量时只要照准条码即可，水准测量数据被自动记录下来，图2-12为条码因瓦尺。传统因瓦尺须与光学水准仪配套使用，尺面上由等宽的线条与字符组成，需人工读数，图2-13为传统因瓦尺。

图 2-10　塔尺　　图 2-11　木尺　　图 2-12　条码因瓦尺　　图 2-13　传统因瓦尺

普通水准尺（塔尺、木尺等），在尺面上通常可精确注记到厘米，其读数一般估读至 1 mm。如图2-14（a）中，从尺面的刻度上来看，尺面上左侧小红点的个数来代表水准尺读数的范围，黑色标记线的位置读数为1042 mm，且该水准尺最小刻度为0.5 cm。有些水准尺只有整10 cm处有刻度标记，1 m以下整10 cm处标记为01、02、…、09，1 m以上标记为11、12、…、22、…，每10 cm之间划分为10个刻线，分别用黑白相间的条纹隔开，读数时直接读取至整厘米，可估读至1 mm，如图2-14（b）中黑色标记线读数为0784 mm。

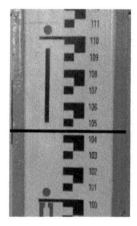 

（a）水准尺度1　　　　　　　　　（b）水准尺度2

图2-14　水准尺读数的示例

普通水准尺读数应注意以下几点：

（1）看准读数刻线，一定从小数往大数读取；

（2）注意水准尺的最小刻划，最后一位为估读；

（3）最后一位估读的读数不能修改（记录后严禁划改）；

（4）水准尺读数通常为4位（例如：0784 mm），不足4位时由0补足。

精密水准尺读数通常为5位（例如：1.4854 m），主要有以下四个特点：

（1）当空气的温度和湿度发生变化时，水准标尺分划间的长度必须保持稳定；

（2）水准标尺的分划必须十分正确与精密，分划的偶然误差和系统误差都应很小；

（3）水准标尺在构造上应保证全长笔直，并且尺身不易发生长度和弯扭等变形；

（4）在精密水准标尺的尺身上应附有圆水准器装置，作业时扶尺者借以使水准标尺保持在垂直位置。

目前，国际通用的传统因瓦尺分划形式有两种，一是图2-15（a），特点是在同一尺面上两排刻划彼此错开，右面一排的注记从0开始，称基本分划；左面一排为辅助分划（注记由3 m开始至6 m），基本分划和辅助分划的注记相差一个常数3.0155 m（称为基辅差），基本分划和辅助分划的作用如同双面水准尺（可检核读数），该尺可与光学水准仪配套使用。另一种只有基本分划而无辅助分划，如图2-15(b)，特点是左面一排分划为奇数值、右面一排分划为偶数值，右边注记为米数、左边注记为分米数，小三角形表示半分米位置，长三角形表示分米的起始线，分划的实际间隔为5 mm，表面值为实际长度的2倍（即水准尺上的实际长度为尺面读数的1/2），因此，用此水准尺测量高差须除以2才是真实高差，该尺适用于测微轮周值为5 mm的水准仪（比如我国靖江测绘仪器厂生产的DS1级水准仪）。

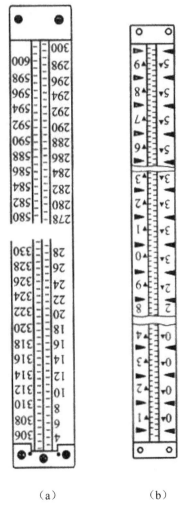

（a）　　　（b）

图2-15　传统因瓦尺的读数

如图2-16显示了光学测微器的读数方法,用光学测微器测出不足一个分格的数值,即在仪器精确整平(用微倾螺旋使目镜视场左面的符合水准气泡半像吻合)后,十字丝横丝往往不恰好对准水准尺上某一整分划线,这时就要转动测微轮使视线上、下平行移动,使十字丝的楔形丝正好夹住一个整分划线。

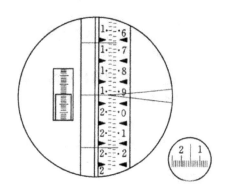 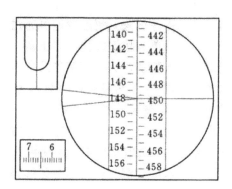

图 2-16　水准尺读数(螺旋测微)

如图2-16(左)所示,楔形丝夹住的分划线读数为1.97 m,视线在对准整分划过程中平移的距离显示在目镜右下方的测微尺读数窗内,读数为1.50 mm,所以水准尺的全读数为1.97+0.0015=1.9715(m),而其实际读数是全读数除以2,即0.988575 m。

如图2-16(右)是关于另一种精密水准尺的读数方法,楔形丝夹住的读数为1.48 m,测微尺的读数为6.5 mm,所以全读数为1.48650 m,这种水准尺实际读数不需要除以2。

目前在实际工作中,用得较多的条码式因瓦尺,采用数字水准仪自动读数,测量原理虽复杂,但对测量者的要求较低,很容易使用。

2.3 尺垫

【尺垫】通常由三角形的铸铁块制成,上部中央有突起的半球,下面有三个(或一个)尖角以便踩入土中,使其稳定地放置标尺。水准测量路线中,每个中间的转点应安放尺垫。尺垫的主要作用是用于支承标尺,尺垫与地面的接触面一般比尺子与地面的接触面大,尺垫使水准尺更加稳定,保证标尺不下沉。

尺垫根据质量不同,可分为1 kg、3 kg、5 kg等几种类型,如图2-17所示,1 kg和5 kg的尺垫下面有三个尖角,3 kg尺垫下面有1个尖角,可以直接插入土中。1 kg

或 3 kg 的尺垫常用于三、四等及以下水准测量，5 kg 的尺垫用于一、二等水准测量和高精度沉降监测等。

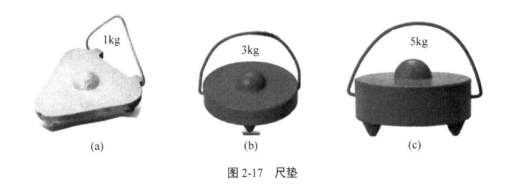

图 2-17　尺垫

2.4　水准仪校验

要保证测量成果的合格性，在外业测量之前，要对测量仪器进行有效的校验。

在各种水准测量规范中，对水准仪的校验内容都有详细说明。水准测量之前，用于水准测量的仪器应送法定计量检定单位进行检定和校准，并在检定和校准的有效期内使用。水准仪的检校按 JJG 425 规定执行，光电测距仪的检校按 JJG 703—2003 规定执行，光学经纬仪的检校按 JJG 414—2011 规定执行。详细内容请参考《国家一、二等水准测量规范》（GB 12897—2006）和《国家三、四等水准测量规范》（GB 12898—2009）。

表 2-2 中列出了一、二等水准测量时水准仪的 17 项检验项目，对于新出厂的仪器及其在作业前和跨河水准测量前的检验项目按表规定执行，表中"+"表示应检验的项目，当所使用的仪器和方法与该项检验无关时，可不作检验。而三、四等水准测量中水准仪的检验项目仅 9 项，一、二等水准测量在三、四等水准的基础上又增加了 8 项。

表 2-2　水准仪的检验项目

序号	检验项目	新仪器	作业前	跨河水准	适用等级
1	水准仪的检视	+	+	+	四等以上
2	水准仪上概略水准器的检校	+	+	+	四等以上
3	光学测微器隙动差和分划值的测定	+	+	+	一、二等

（续表）

序号	检验项目	新仪器	作业前	跨河水准	适用等级
4	视线观测中误差的测定	+			一、二等
5	自动安平水准仪补偿误差的测定	+			一、二等
6	十字丝的检校	+			四等以上
7	视距常数的测定	+			四等以上
8	数字水准仪视线距离测量误差	+			一、二等
9	调焦透镜运行误差的测定	+		+	四等以上
10	气泡式水准仪交叉误差的检校	+	+	+	四等以上
11	i 角检校	+	+	+	四等以上
12	双摆位自动安平水准仪摆差 2C 角的测定	+	+	+	一、二等
13	测站高差观测中误差和竖轴误差的测定	+			四等以上
14	自动安平水准仪磁致误差的测定	+			四等以上
15	倾斜螺旋隙动差、分划误差和分划值的测定	+			一、二等
16	符合水准器分划值的测定			+	一、二等
17	系统分辨率检定	+			一、二等

水准仪检验需注意以下几点：

（1）经过修理和校正后的仪器应检验受其影响的有关项目。

（2）"自动安平水准仪磁致误差的测定"检验项应送有关检定单位进行检验，自动安平系统修理和校正后，该项检验应再次校正。

（3）自动安平光学水准仪每天检校一次 i 角。气泡式水准仪每天上午、下午各检校一次 i 角，作业开始后的 7 个工作日内，若 i 角较为稳定，以后每隔 15 天检校一次。

（4）数字水准仪在整个作业期间在每天开测前均应进行 i 角测定。

2.5 水准尺校验

用于水准测量的标尺也应送法定计量检定单位进行检定和校准，并在检定和校准的有效期内使用。详细内容请参考《国家一、二等水准测量规范》和《国家三、四等水准测量规范》。

表 2-3 中给出了一、二等水准测量水准尺的 7 项检验项目，而三、四等水准测量可不必检验第 5 项与第 7 项。表中"+"表示应检验的项目，当所使用的仪器和方法与该项检验无关时，可不作检验。一对标尺名义米长的测定需到指定厂家进行检

定，经过修理和校正后的仪器应检验受其影响的有关项目。

表2-3 水准标尺检验项目

仪器	检验项目	新仪器	作业前	跨河水准测量	适用等级
1	标尺的检视	+	+	+	四等以上
2	标尺上的圆水准器的检校	+	+	+	四等以上
3	标尺分划面弯曲差的测定	+	+	+	四等以上
4	标尺名义米长及分划偶然中误差的测定	+	+	+	四等以上
5	标尺温度膨胀系数的测定	+			一、二等
6	一对水准标尺零点不等差的测定（条码标尺） 一对水准标尺零点不等差及基辅分划读数差的测定	+	+	+	四等以上
7	标尺中轴线与标尺底面垂直性测定	+	+	+	一、二等

2.6 经纬仪校验

根据《国家一、二等水准测量规范》及《国家三、四等水准测量规范》等文件，进行跨河水准测量时，如跨距较大，无法采用水准仪测量时，可使用经纬仪或GPS等替代测量。经纬仪应进行表2—4所列的检验。表中"+"表示应检验的项目，当所使用的仪器和方法与该项检验无关时，可不作检验。

表2-4 经纬仪应检验项目

序号	检验项目	新仪器	作业前	跨河水准测量
1	垂直度盘测微器行差的测定			+
2	一测回垂直角观测中误差的测定			+

习　　题

第一题：水准仪中用于粗平的仪器部件是（　　）。［单选］

　　A.调焦螺旋　　　　　　　　　　B.管水准器

　　C.圆水准器　　　　　　　　　　D.微倾螺旋

第二题：进行地震水准测量，一般选用哪种类型的水准仪（　　）。［单选］

　　A.DS10　　　　　　　　　　　　B.DS05

C.DS3   D.DS1

第三题：水准测量的闭合差与闭合改正值的关系是（　　　）。[单选]

A.数值相等   B.符号相反

C.绝对值相等   D.符号相反，绝对值相等

第四题：简述水准仪的分类及水准仪的基本结构。

第五题：简述水准尺按材质不同可分为哪几类。

第六题：水准仪型号为DS05，请解释各字母代表什么含义。

第七题：一、二等水准测量中水准尺的检验项目有哪些？

第八题：三、四等水准测量中水准仪的检验项目有哪些？

第九题：简述水准管格值大小有何意义。

第3章 水准测量规范和基本要求

3.1 测绘规范简介

【测绘规范】是对测绘产品的质量、规格以及测量作业中的技术事项所作的统一规定。测绘规范可划分为国际标准、国家标准（GB）、测绘行业标准（CH）、地方标准（DB）、企业标准（Q）共五类。

【国际标准】是由国际标准化组织(ISO)理事会审查，ISO 理事会接纳国际标准并由中央秘书处颁布的。

【国家标准】是由国务院标准化行政主管部门制定的规范性文件，分为强制性国家标准(GB)、推荐性国家标准（GB/T）和指导性文件（GB/Z）。

【强制性国家标准】(GB)对保障人身健康和生命财产安全、国家安全、生态环境安全以及满足经济社会管理基本需要的技术要求，须制定强制性国家标准。强制性国家标准由国务院有关行政主管部门依据职责提出、组织起草、征求意见和技术审查，由国务院标准化行政主管部门负责立项、编号和对外通报。强制性国家标准由国务院批准发布或授权发布。国家标准（GB）后不加任何字母或数字，表示国家强制性标准，只有国家标准有强制性标准，其余均不包含强制性标准。

【推荐性国家标准】（GB/T）对于满足基础通用、与强制性国家标准配套、对各有关行业起引领作用等需要的技术要求，可以制定推荐性国家标准。推荐性国家标准由国务院标准化行政主管部门制定。在各标准后如有/T 表示推荐性标准，不是强制性标准。

【国家指导性文件】（GB/Z）表示指导性文件，不具有强制性、推荐性，级别较低。

【行业标准】对没有国家标准而又需要在全国某个行业范围内统一的技术要求所制定的标准。行业标准不得与有关国家标准相抵触，有关行业标准之间应保持协调、统一，不得重复。由国务院有关行政主管部门提出申请报告，国务院标准化行政主管部门审查确定，并公布该行业的行业标准代号。行业标准在相应的国家标准实施后，即行废止。行业标准由行业标准归口部门统一管理，如：测绘行标（CH）、城镇建设行标（CJ、CJJ）、建设工业行标（JG、JGJ）、地质矿产行标（DZ）、铁路运输行标（TB）、水利行标（SL）、海洋行标（HY）、交通行标（JT、JTJ）等。行业标准分为推荐性标准（/T）和指导性文件（/Z），与国家标准后缀字符一致。

【测绘行业标准】是由我国测绘主管部门批准发布，在全国范围内统一使用的标准。测绘行标编码采用字符 CH + 数字代码的格式。测绘工作过程中除了应用到测绘行业标准外，还需要参考其他行业标准中有关测绘的章节。

【地方标准】是由地方（省、自治区、直辖市）标准化主管机构或专业主管部门批准、发布，在某一地区范围内统一的标准。采用 DB + 数字代码表示不同地区的地方标准。

【企业标准】企业标准是在企业范围内需要协调、统一的技术要求、管理要求和工作要求所制定的标准，是企业组织生产、经营活动的依据。国家鼓励企业自行制定严于国家标准或者行业标准的企业标准。企业标准由企业制定，由企业法人代表或法人代表授权的主管领导批准、发布。企业标准一般以"Q"字母作为标准的开头。

目前搜集到水准测量相关测量规范有 150 多个，作者根据水准测量精度高低列出了主要的 19 个水准测量规范，如表 3-1 所示。特等一般应用在地面沉降、地震、高精尖仪器安装等水准测量项目中；精密水准测量出现在高速铁路工程测量规范中，其精度介于二、三等之间；五等或等外水准测量，主要应用于建筑基坑测量等精度相对较低的项目，也可以由全球定位系统（GPS）或全站仪等测量获得。

表 3-1　常用水准测量规范

序号	规范编号	规范名称	适合水准等级
1	DZ/T 0154—95	《地面沉降水准测量规范》	特等
2	DG/TJ 08-2051—2008	《地面沉降监测与防治技术规程》	
3	DD 2006—02	《地面沉降监测技术要求》	
4	DZ/T 0283—2015	《地面沉降调查与监测规范》	
5	GB/T 12897—2006	《国家一、二等水准测量规范》	一、二等
6	TB 10601—2009	《高速铁路工程测量规范》	精密
7	GB 50090—99	《铁路线路设计规范》	
8	GB/T 12898—2009	《国家三、四等水准测量规范》	三、四等
9	GB 50026—2007	《工程测量规范》	

序号	规范编号	规范名称	适合水准等级
10	CJJ/T 8—2011	《城市测量规范》	
11	GB 50497—2009	《建筑基坑工程监测技术规范》	五等或等外
12	DB11/T 446—2007	《建筑施工测量规范》	
13	GB/T 18314—2009	《全球定位系统（GPS）测量规范》	
14	CH/T 2009—2010	《全球定位系统实时动态测量(RTK)技术规范》	
15	CH/T 2006—1999	《水准测量电子记录规定》	
16	CH/T 1004—2005	《测绘技术设计规定》	
17	CH/T 1021—2010	《高程控制测量成果质量检验技术规程》	相关规范
18	GB/T 24356—2009	《测绘成果质量检查与验收》	
19	GB/T 18316—2008	《数字测绘成果质量检查与验收》	

3.2 国家测量规范

国家标准（GB）通常包含强制性标准和推荐性标准。下面就水准测量中常用的几个国家测量规范进行简单介绍，以便在实际工程中可以快速找到恰当的测量规范。

《国家一、二等水准测量规范》和《国家三、四等水准测量规范》均为国家推荐性测量标准。在全国范围内建立一、二等水准网或进行区域性的精密水准测量可参考《国家一、二等水准测量规范》，建立三、四等水准网可参照《国家三、四等水准测量规范》，其相关技术指标后文有详细论述。其中一等水准网一般只由国家测绘局等部门进行测量、复测。

《工程测量规范》（GB 50026—2007）规定了完成工程建设领域内的通用建设工作，《工程测量基本术语标准》（GB/T 50228—2011）经过1996年的修订后于2002年6月起实施，对工程测量中的新技术、新方法中出现的一些新术语进行了补充与释义，可供工程测量中使用。

《全球定位系统（GPS）测量规范》（GB/T 18314—2009）属于国家推荐性测量规范，该标准适用于国家和局部GPS控制网的设计、布测和数据处理。规范中详细介绍了利用全球定位系统(GPS)静态测量技术建立GPS控制网的布设原则、测量方法、精度指标和技术要求。GPS A网由卫星连续运行基准站构成，其水平分量中误差为2 mm/年和垂直分量中误差为3 mm/年。表3-2给出了GPS B、C、D、E级的精度要求。各级GPS网点相邻点的GPS测量大地高差的精度，应不低于表3-2中规定的各级相邻点基线垂直分量的要求。

表 3-2　GPS 的 B、C、D、E 级精度要求

级别	相邻点基线分量中误差		相邻点间平均距离／km
	水平分量/mm	垂直分量/mm	
B	5	10	50
C	10	20	20
D	20	40	5
E	20	40	3

《精密工程测量规范》（GB/T 15314—1994）为国家推荐性标准，适用于各类工程的勘察设计、施工放样、安装调试、变形监测诸阶段的精密测量工作，该规范规定了精密工程测量及其控制网的布设原则、等级、作业要求和数据处理方法等。表3-3 给出了精密工程高程控制网的等级及测站中误差。

表 3-3　精密工程高程控制网的等级及测站中误差

等级	一级	二级	三级	四级
测站高差中误差/mm	0.03	0.05	0.10	0.30
视线长度/m	10	20	30	50

《铁路线路设计规范》（GB 50090—1999）是国家强制性规范，适合于国家铁路网中客货列车共线运行，旅客列车最高行驶速度小于或等于 140 km/h，标准轨距铁路的设计。时速在 250～350 km/h 范围的铁路建设可参考《高速铁路工程测量规范》（TB 10601—2009）。

3.3　行业测量规范

测绘行业规范（CH）是由我国测绘主管部门批准发布的，在该部门范围内统一使用的标准。类似的还有地质（DZ）、城建（CJ）等行业测绘规范。下面就水准测量中常用的几种行业测量规范进行简单介绍，便于今后测量中可以有效选择合适的测量规范。

《城市测量规范》（CJJ/T 8—2011）为行业标准，是由多家测绘研究院、勘测院、勘察测绘研究院和中国测绘局测绘标准化研究所、国家测绘局第一大地测量队等共同编写。该标准为城市及城市建成区内进行数字高程模型的建立、数字正射影像图制作、工程测量、地籍测绘、房产测绘、竣工测量等提供行业测量标准。

《CH/T 2009—2010 全球定位系统实时动态测量(RTK)技术规范》规定了利用全

球定位系统实时动态测量（RTK）技术，实施平面控制测量和高程控制测量、地形测量的技术要求和方法。RTK 平面和高程控制测量适用于布测外业数字测图和摄影测量与遥感的基础控制点，RTK 地形测量适用于外业数字测图的图根测量和碎部点数据采集。该规范适用于城市各等级控制网测量、城市地籍控制网测量和工程控制网测量。当进行城市地形形变监测控制网测量时，可参照本规范执行，表 3-4 给出了RTK 高程控制测量误差限差要求。

表 3-4　RTK 高程控制测量误差限差

大地高中误差/cm	与基准站的距离/km	观测次数	起算点等级
≤±3	≤5	≥3	四等及以上水准

其中：

（1）大地高中误差指控制点大地高相对于最近基准站的误差。

（2）网络 RTK 高程控制测量可不受流动站到基准站距离的限制，但应在网络有效服务范围内。

《地面沉降水准测量规范》（DZ/T 0154—1995）规定了地面沉降水准网的布设原则，施测方法、精度指标、数据处理和资料整理汇编。本标准适用于监测地面沉降水准网的布测。

《地面沉降监测技术要求》（DD 2006-02）规定了地面沉降现状调查、监测网布设、监测内容及方法、外业成果记录与整理计算、地面沉降趋势预测评价、地面沉降区地裂缝长期监测、资料整理与成果编制等的技术要求。本标准适用于各种自然和人为原因引起的地面沉降灾害的专门调查与监测工作。

《地面沉降调查与监测规范》（DZ/T 0283—2015）规定了地面沉降调查与监测及评价的技术方法和工作要求，并规定了成果编制、数据库建设和资料会交等内容，适用于地面沉降调查与监测及评价工作。表3-5给出了建筑物沉降监测等级及精度要求。

表 3-5　建筑沉降监测的等级及其精度要求

变形测量等级	沉降观测 观测点测站高差中误差/mm	适用范围
特级	≤0.05	特高精度要求的特种精密工程和重要科研项目变形观测
一级	≤0.15	高精度要求的大型建筑物和科研项目变形观测

变形测量等级	沉降观测		适用范围
	观测点测站高差中误差/mm		
二级	≤0.50		中等精度要求的建筑物和科研项目变形观测；重要建筑物主体倾斜观测、场地滑坡观测
三级	≤1.50		低精度要求的建筑物变形观测；一般建筑物主体倾斜观测、场地滑坡观测

注：（1）观测点测站高差中误差，指几何水准测量测站高差中误差或静力水准测量相邻观测点相对高差中误差；

（2）观测点坐标中误差，指观测点相对测站点（如工作基点等）的坐标中误差、坐标差中误差以及等价的观测点相对基准线的偏差值中误差、建筑物（或构件）相对底部定点的水平位移分量中误差。

《高速铁路工程测量规范》（TB 10601—2009）是目前我国高速铁路工程建设中常采用的行业标准，适用于时速为 250～350 km/h 范围的铁路建设。该规范结合我国高速铁路建设特点和现代测绘技术的发展，强化重大科研、试验对规范中的关键技术的理论支撑与验证，涵盖高速铁路工程勘测、设计、施工、竣工验收测量全过程，是一个具有自主知识产权的高速铁路工程测量技术标准。

3.4 地方测量标准

地方测量标准是各个地市在参考国家测量规范、行业测量规范的基础上，根据本地市具体情况编写的。

《地面沉降监测与防治技术规程》（DG/TJ 08-2051—2008）对地面沉降监测与防治工作的技术要求进行了规定，适用于上海市行政区域内地面沉降的监测与防治工作，其他地区可供参考。

《建筑施工测量规范》（DB11/T 446-200）是北京市地方标准，该规程经 2002 年北京市各有关建设集团（总公司）、高等院校和测绘单位等专家对技术方法、技术规格等进行了修订或局部修订，适用于北京地区工业与民用建筑工程、建筑设备安装与建筑小区内市政工程等施工、竣工阶段的测量工作。表 3-6 中给出了施工场地测量允许误差表。

表 3-6　施工场地测量允许误差

项目内容	平面位置/mm	高程/mm
场地平整方格网点	50	±20
场地施工道路	70	±50
场地临时给水管道	50	±50
场地临时排水管道	50	±30
场地临时电缆管线	70	±70
暂设建(构)筑物	50	±30

3.5　水准测量等级的划分

通过上文的介绍可知，我国的测绘规范种类繁多，技术参数要求不一，对高程测量的精度要求从0.03～70 mm不等，等级划分也很复杂，不易进行对比分析、统一管理。作者参考各种水准测量规范，以国家一至四等水准测量规范为基础，结合工程水准测量的实际，本着有利于智能化计算的需求，将水准等级从高到低依次划分为特等、一等、二等、精密、三等、四等、五等、六等、七等、八等共10个等级。特等常应用于沉降监测等最高精度的水准测量，一、二等常应用于国家等级水准网建设，精密等级常应用于高速铁路施工，三、四等常应用于地方等级水准网建设，五等常应用于普通工程的水准测量。作者又参照各种水准测量规范补充扩展了六至八等水准测量的精度指标，可应用于精度要求不高、GPS等仪器不易测设的工程。各等级水准测量的详细技术指标（限差等）请参照附录四，后文中再分别进行介绍。

习　　题

第一题：测量标准通常包含哪几个类别（　　）。［多选］

A.国家标准　　　　　　　　　B.行业标准

C.地方标准　　　　　　　　　D.个人标准

第二题：以下属于国家强制性标准的是（　　）。［单选］

A.GB/T 12897—2006　　　　B.GB 50090—1999

C.CH/T 2006—1999　　　　　D.DB11/T 446—2007

第三题：以下属于地方测绘标准的是（　　）。［单选］

　　　A.GB/T 12897—2006　　　　　　B.GB 50090—1999

　　　C.CH/T 2006—1999　　　　　　　D.DB11/T 446—2007

第四题：以下属于测绘行业标准的是（　　　）。[单选]

　　　A.GB/T 12897—2006　　　　　　B.GB 50090—1999

　　　C.CH/T 2006—1999　　　　　　　D.DB11/T 446—2007

第五题：简述测绘规范分为哪几类。

第六题：简述《国家一、二等水准测量规范》可应用于哪几个方面。

第七题：简述《精密工程测量规范》将水准分为几个等级，中误差各是多少。

第4章　测点、测线与测网

4.1 基本名词与相关解释

【测点】（观测点）是测量时被观测的目标点。

【测站】（观测站）是测量时安放仪器对测点进行观测的地点。

【测线】是按一定原则沿直线或折线布设观测点组成的观测线。

【起点】是测线的开始点，起点一般是已知点，也可以是待测点。

【终点】是测线的结束点，终点可以是已知点，也可以是待测点。

【起止点】是起点与终点的统称，要求起止点的高程值已知，或能与其他已知高程点相连。

【测网】由相互联系的测量点，按一定规则，以一定几何图形所构成的网络。

【水准点】（Bench Mark，简称BM）是用水准方法测定高程（或高差）的点。水准点按高程性质可分为已知水准点（基准点、起算点）、待测水准点、转站点，按时效性质可分为永久水准点、临时水准点、转站点。国家水准点一般做成永久水准点（埋设永久性水准标志）；工程测量时常设置临时水准点（木桩、钢钉等）；转站点仅用于放置尺垫，进行高程中转计算，相邻测站完成计算后就废弃无用了。因此日常使用的狭义水准点（常规水准点）并不包含转站点。

【水准网】（Leveling Network）是由多个水准点（多条水准测线）按一定规则组成的高程控制网，复杂的水准网可细分为首级网与加密网。

水准网由多条水准测线组成。水准测线由多个水准点组成，一般包含起点、常规点、转站点、终点等，测线可以是直线，也可以是折线。测站一般位于测线附近，并非必须位于测点的最短连线上，通常要求测站至两个测点的距离应相等或相近，参见图4-1。

【基准点】在水准测量中是指具有稳定的高程值、能作为其他测线水准测量起算依据的点，也可称为起算点、已知点，一般来讲起算点是最高等级的基准点。在水准测量与平差计算中，基准点的高程值一般保持不变，通过高差计算出其他点的高程值。

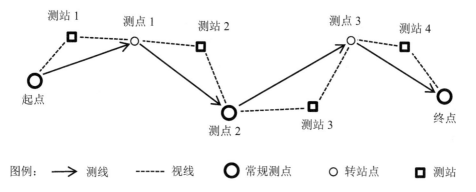

图例：➡️ 测线　------ 视线　⭕ 常规测点　○ 转站点　◻️ 测站

图 4-1　常规水准测线内测点与测站的示意图

【基本水准点】一般指国家高等级水准测量时的固定水准点（永久水准点）的一种，等级比基岩水准点低，比普通水准点高。

【基岩水准点】必须埋设在坚固稳定的基岩中，一般是全国性的水准起算点。

【普通水准点】都是从这些基本水准点或基岩水准点里引出来加密的。在低等级水准测量工程中，可将首级网的水准点称为基本水准点，加密网的水准点称为普通水准点（临时水准点）。基本水准点应布设在土质坚实、不受施工影响、无震动和便于实测的位置，并埋设永久性标志。在水准测量的不同阶段，基本水准点可以是基准点，也可能是待测点，不要将基本水准点等同于基准点。

【水准结点】（结点，Node）是水准网中至少连接三条水准测线的水准点。

【水准路线】（路线，Leveling Line）是同级水准网中两相邻结点间的测线，见图 4-2。

【水准区段】（区段，Zone Section）是水准路线中两个相邻基本水准点间的水准测线。

【水准路段】（路段，Road Section）是人为划定的两个或多个水准点间的水准测线。

【水准测段】（测段，Leveling Section）是两相邻水准点间的水准测线，见图 4-3。

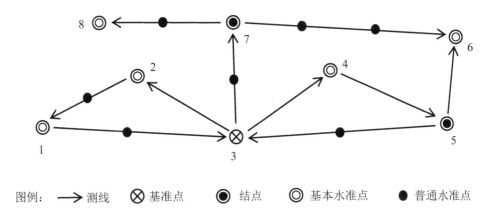

图例：——→ 测线 ⊗ 基准点 ◉ 结点 ◎ 基本水准点 ● 普通水准点

图 4-2 水准网内测线与结点的示意图

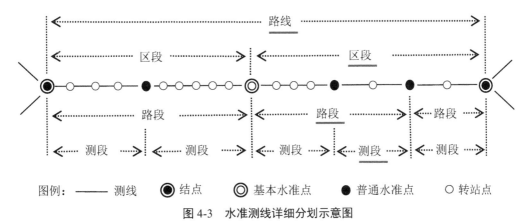

图例：—— 测线 ◉ 结点 ◎ 基本水准点 ● 普通水准点 ○ 转站点

图 4-3 水准测线详细分划示意图

在相关水准测量规范中，一般要求基准点须设计为结点，没有路段的概念。根据图 4-2 可知，只有 3、5、7 三个点至少连接三条以上测线，可称之为结点；相应的 5—3、3—4—5、3—7、5—6—7 四条测线可称之为路线，而其他测线就不能称之为路线。对于常规工程的水准网，路线及区段虽然容易定义，但具体操作时，不利于安排每天的工作任务；而水准测段又划分过细，不利于外业测量。因此本书引入了路段的概念，可人为控制路段的长度，灵活设置，有利于外业测量、数据检核、返工重测及网平差计算。

水准测线是水准路线、区段、路段、测段、测站等的统称。一般情况下，路线≥区段≥路段≥测段≥测站；特殊情况下，路段可灵活设置，路段可包含区段，但路段不应包含路线。根据相关水准规范，路线是两个结点间的测线；区段是两个基本水准点间的测线；路段是测线的人为分段，是路线的一部分，是智能化水准测量软件的基本处理单元，可将半天内的水准测线设计为一个路段，或灵活设置为多个水准点间的测线；测段是路段内两个相邻水准点间的测线。参见图 4-3，一或多个测站组合成测段，一或多个测段组合成路段；一或多个路段组合成区段或路线；一或多个区段组合成路线。通常智能化水准测量软件以路段为基本管理单元，省略了区段管理，可理解为路段与区段相近，路段更灵活，路段内隐含测段管理；路段可根据实际情况灵活定义，多个路段构成路线以及水准网。

4.2 水准测线的类型

4.2.1 水准测线的几何分类

根据测线性质与几何形态，水准测线可分为支线（射线）、环线（闭合测线）、附合测线三种类型，参见图 4-4。

【支线】是射线状的水准测线，终点高程未知且与其他水准点不相连，要求起点高程值已知或能与其他已知高程点相连。也可将支线理解为未完成或中断的测线。

【环线】（闭合测线）是近似环形的水准测线，起点与终点为同一水准点，要求其高程已知或能与其他已知高程点相连。

【附合测线】是两个固定水准点间的水准测线，要求起点和终点的高程已知或能与其他已知高程点相连。

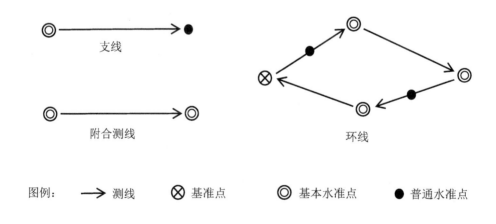

图 4-4　水准测线的几何分类

4.2.2 水准测线的重复性分类

按测点的重复方式，水准测线可分为单向测线、往返测线、单程双转点测线（双转测线）。单向测线仅有往测，往返测线具有往测、返测，双转测线具有右线与左线，见图4-5。

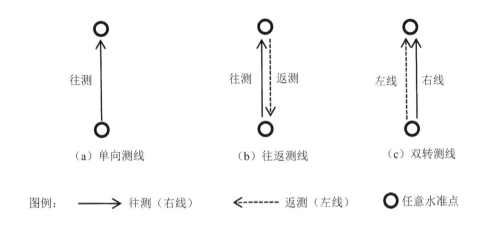

（a）单向测线　　　　　　（b）往返测线　　　　　　（c）双转测线

图例：　——→ 往测（右线）　←------ 返测（左线）　○ 任意水准点

图 4-5　水准测线的重复性分类

【单向测线】仅进行往测，不进行返测，一般用于较低等级的水准测量任务，中间的水准点仅测量一次，无法计算各测段的不等差与整个测线的偶然中误差等。

【往返测线】既进行往测，又进行返测，可应用于任何等级的水准测量任务，中间的水准点都测量两次，能计算各测段的不等差与整个测线的偶然中误差等。

【双转测线】（单程双转点测线）只进行一个方向的测量，可用于三等及以下的水准测量任务，但右线与左线同时测量，所有水准点都测量两次，能计算各测段的不等差与整个测线的偶然中误差等。

双转测线的测量方式比较特殊，水准测量时通常需要一台水准仪（一个观测者）、两把标尺（两个跑尺员）、四个尺垫，具体的布设如图4-6所示，图中的临时转站点就是放置尺垫的位置。规范中要求，在一个测站中须先进行右线测量，再进行左线测量；测量时要保持尺垫不动，先测量右线两个测点的高差数据，再测量左线两个测点的高差数据；当完成一个测站后，向前移动后尺的两个尺垫，再进行下一个测站的测量任务。

提示：水准测线通常都是折线，常简化为直线表示。尺垫仅放置在临时转站点上；任何测线的固定水准点上，都不允许放置尺垫，标尺须直接放置在固定水准点上。请对比分析常规测线（图4-1）与双转测线（图4-6）的异同。

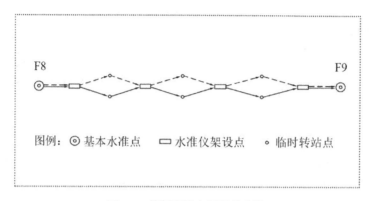

图 4-6　单程双转点测线的布设

4.2.3　水准测线的智能分类

为了满足水准测量数据的智能化处理，根据水准测线的测线形态、测量方式、重复性等特征，本书将水准测线划分为 0～9 共 10 种智能类型，参见图 4-7。

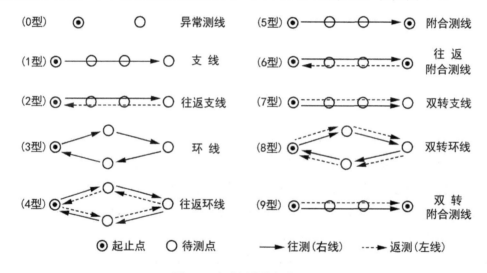

图 4-7　水准测线的智能分类

智能分类有利于采用计算机软件智能化、结构化处理相关水准测量数据，根据测线类型分别选择不同的处理模型，优化处理流程，进行全自动化的数据改正与平差。0 型测线代表异常测线，实际测量中不允许出现。1～6 型测线为常规测线；7～9 型为双转测线。1 型测线为真正的支线（单向支线、射线）；2、3、4、7、8 型测线可构成环线；5、6、9 型测线为附合测线。1、3、5 型测线仅有单向测量，测点无重复性。2、3、4、6、7、8、9 型测线具有闭合成环的特性（闭环性），可统称为闭环类，其中 2、7 型测线比较特殊，虽称为某某支线，但却是闭合环线的特例，兼具闭环性与重复性。各种测线的分类对比参见表 4-1。

表 4-1 水准测线智能分类的综合对比

大类	类型	测线全称	测线简称	闭环性	重复性	附合性
异常测线	0	异常测线	异常测线	×	×	×
常规测线	1	单向支线（射线）	支线	—	—	支线
	2	往返闭合支线	闭合支线	✔	往返	环线
	3	单向闭合环线	环线	✔	—	
	4	往返闭合环线	往返环线	✔	往返	
	5	单向附合测线	附合测线	—	—	附合
	6	往返附合测线	往返附合测线	✔	往返	
双转测线	7	单程双转点支线	双转支线	✔	右左	环线
	8	单程双转点环线	双转环线	✔	右左	
	9	单程双转点附合测线	双转附合测线	✔	右左	附合

针对路线或路段等，测线可改称某某路线、某某路段，例如：5 型附合测线，可对应称为附合路线、附合路段。闭环类（2、3、4、6、7、8、9 型测线）可计算闭合环线的闭合差（简称闭环差）；重复类（2、4、6、7、8、9 型测线）可计算各测段的不等差与整个测线的偶然中误差；附合类（5、6、9 型测线）当两端为基准点时可计算附合测线的闭合差（简称附合差）。有关误差的评价与改正等将在其他章节中再详细论述。

4.3 测网类型

水准网由多条水准测线连接成网状，要求必须有一个以上的起算点（网内最高等级的基准点、已知高程点）。高等级水准网的起算点一般应为基岩标，常规工程水准的起算点一般应联测至国家等级水准点，或在基础稳定的地区设置长久的水准标志。

【自由网】是仅有单个起算点的水准网，在水准网平差时无法进行校核。

【附合网】是有多个起算点的水准网，在水准网平差时可进行相互校核。

水准网的形状可根据实际地形地貌、交通干线、行政区划、水准等级、检测对象等条件布设为带状、环状、蜂窝网、三角网、方格网等，如图 4-8 所示。

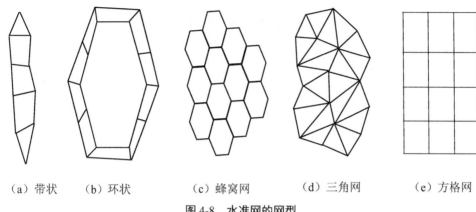

（a）带状　　（b）环状　　　　（c）蜂窝网　　　（d）三角网　　　（e）方格网

图 4-8　水准网的网型

高等级水准网要求尽量连接成结点网（每个点有三条以上的测线），结点网的网型牢固，可进行高精度的平差计算，每个点的平差精度等级相近。在图 4-9 中 E3 点仅有两条测线相连，就不是结点，此网型结构稍差。

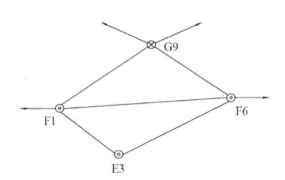

图例：⊗ 基准点（起算点）　◎ 基本水准点

图 4-9　水准网局部示例

当面积较大、水准网较复杂时，可划分为首级网和加密网两个阶段。

【首级网】可布设在骨干交通干线附近，埋设永久性水准标志，采用较高等级进行测量。

【加密网】布设在首级网周边，可埋设临时性水准标志，采用较低等级进行测量。

按水准测量的功能与目的，水准网也可划分为国家等级控制网、变形监测控制网、测图控制网、施工控制网、专用控制网等。

4.4 测点的高程信度

水准测线内包含各种测点，可分为起点、终点；起算点、待测点；检验点、转站点等。综合考虑测线类型及高精度智能化计算需要，现将各种测点按高程可信度划分为表 4-2 所示的七种信度。按测量阶段，测点也可分为起算点（6 度，最高等级的基准点）与待测点（0～5 度）两类，起算点放置在起算表内，待测点放置在待测表内。待测点经初始测量、各项改正、网平差等后逐步转化为更高信度（4～5 度）的测点。一般将首级网的测点升级为更高信度（4～5 度）后，可作为加密网的基准点使用。

表 4-2　水准点高程值的信度

分类	信度	名称	测点的描述	参考名词
基准点	6	起算点	所有测网中已知的、设为永久固定值的高程点	真值
	5	定值点	选择可信度极高的高程点，按固定值使用	理论值
	4	网平点	网平差后，已经得到期望高程值的测点	期望值
低信点	3	改正点	实测后，已经过测线内部改正的测点	改正值
	2	初测点	从基准点进行初始测量的实测高程点	初测值
	1	估算点	仅从地形图上读取近似高程值的测点	估算值
	0	未知点	高程值完全未知的测点	未知值
说明	数据库的起算表内只能存放起算点(6 级)，其他待测点存放在待测表内			

4.5 测点的性质

当外业测量输入各测线（路段）的数据时，考虑到智能计算的需求，本书将每个测点按测线类型、出现位置顺序及相应作用划分为表 4-3 所示的十种性质。各点的性质由计算机按照不同测线，智能化全自动进行处理，无须人工定义、划分。

表 4-3　测点的性质

位置	点性	性质名称	点的性质描述
支线内部	0	临时点	默认临时点
	1	支线点	未完成环线或附合测量时的临时点（射线状）
环线内部	2	环线往(右)点	常规环线的往测点或双转环线的右线点（支线往测）
	3	回转点	闭合支线的回转点（2 型线的尾点）
	4	环线返(左)点	常规环线的返测点或双转环线的左线点（支线返测）
附合内部	5	附合往(右)点	附合测线的往测点或双转附合测线的右线点
	6	附合返(左)点	附合测线的返测点或双转附合测线的左线点

（续表）

位置	点性	性质名称	点的性质描述
起止点	7	低信终点	测线的终点（低信点，信度≤3）
	8	低信起点	测线的起点（低信点，信度≤3）
	9	基准起止点	信度≥4的起止点，可作为路(环)线闭合差基准
说明	随着测点数量的增加及起止点信度的提高，点性可不断地改变

对应水准测线的智能分类（0～9型），各种测线的测点性质如图4-10所示。

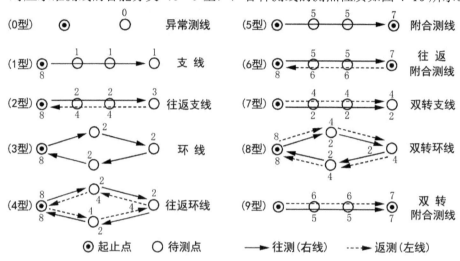

图4-10 水准测线中各测点的性质

测点的性质是为满足水准数据自动化、智能化处理设置的。在常规测线的测量过程中，待测点的性质初始都为1值，当出现终点或起点后，将根据线型及测点的位置自动重新设置待测点的点性。在双转测线的测量过程中，待测点的性质初始都为2或4值，当出现终点或起点后，将根据线型及测点的位置自动重新设置待测点的点性。低信度起点与终点的性质初始分别为8或7值，当进行平差后其高程信度增加后，将自动变为9值。测点的性质是根据测线及测量阶段自动变化的，没必要刻意记忆其相关定义，大致了解能对比查阅即可。

习　题

第一题：水准点通常分为基本水准点和（　　）。[单选]

A.基准点　　　　　　　　　　B.临时水准点

C.专用水准点　　　　　　　　D.转站点

第二题：智能化水准测量的基本处理单元是（　　）。［单选］

    A.路线   B.区段

    C.路段   D.测段

第三题：双转测线在测量过程中必须使用（　　）尺垫。［单选］

    A.1 个   B.2 个

    C.3 个   D.4 个

第四题：水准测线的几何分类包括（　　）。［单选］

    A.环线   B.双转测线

    C.常规测线   D.往返测线

第五题：试论述基本水准点与基准点的异同。

第六题：试论述水准测量中起算点与基准点的异同。

第七题：智能化水准测量过程中，对高程信度是如何划分的？

第5章 水准测量的基本计算

5.1 水准测量原理

【水准测量原理】是利用水准仪产生的一条水平视线，借助水准尺来测定地面两点间的高差，这样就可由已知点的高程推算出未知点的高程，如图5-1所示。

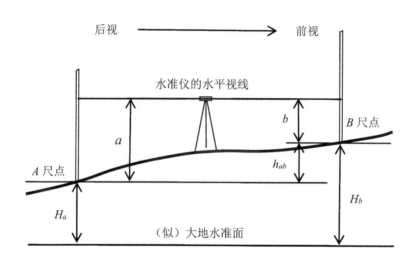

图 5-1 水准测量原理（高差法）

已知 A 点的高程为 H_a，B 点的高程 H_b 未知（待测），分别将两把标尺竖直放置在 A、B 两点上，调平水准仪，利用水准仪的水平视线，读出 A 尺点标尺的读数 a，读出 B 尺点标尺的读数 b。显然 $A{\rightarrow}B$ 点的高差 $h_{ab}=a-b$；B 点的高程 $H_b=H_a+h_{ab}=H_a+a-b$。以上计算方法可表述为：前视点高程=后视点高程+后视读数-前视读数。

计算待测点高程的方法有两种，一是高差法，二是视高法（仪高法）。

【高差法】是采用水准仪与水准尺，利用已知点与待测点间的高差，求取待测点的高程。如图5-1所示，计算方法可概括为：前视点高程=后视点高程+（后视读数－前视读数）=后视点高程+高差，其特点是先计算两点的高差，再计算出待测点的高程，此方法一测站仅能计算一个待测点，具有一对一的关系。

【视高法】（仪高法）是采用水准仪与水准尺，利用计算的水准仪视线高，求取待测点的高程。如图 5-2 所示，计算方法可概括为：前视点高程=（后视点高程+后视读数）-前视读数=视线高-前视读数，其特点是先计算水准仪的视线高，再计算出各待测点的高程，此方法一测站能计算多个待测点，具有一对多的关系。

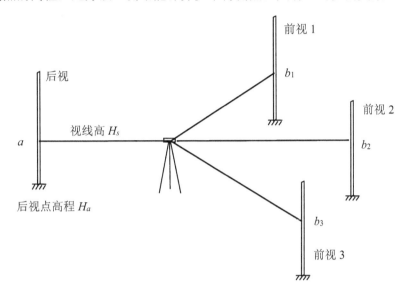

图 5-2　水准测量原理（视高法）

视高法可以在一个测站内测量多个待测点高程，已知后视点的高程H_a，先测量后视点标尺的读数a，计算本测站视线高程$H_s=H_a+a$；再分别测量多个前视点上标尺的读数b_1、b_2、b_3等；最后计算出各前视点的高程，$H_1=H_s-b_1$，$H_2=H_s-b_2$，$H_3=H_s-b_3$等。

对比高差法与视高法，高差法虽然每测站仅能测定一个待测点的高程，但能严格控制前后视距差，能符合各类规范关于前后视距差等相关要求。视高法的缺点是无法控制每个点的前后视距差，无法满足各类规范关于前后视距差等相关要求，视高法无法进行高精度的改正与平差，无法应用于高等级的水准测量及高精度的工程测量，仅可进行水准的粗略测量。因此本书主要讨论高差法，下文水准测量的计算方法主要基于高差法来论述。

5.2　水准测量的简易计算

在水准测量过程中，每个测量小组，需用到一台水准仪及两把标尺（标记为 A 尺与 B 尺，称作尺组），将水准仪和两把标尺固定组合为一套测量系统，不可随意更换。相关技术规范都要求从测线的起点至终点需采用偶数站，返测时需交换标尺位置，以抵消两把标尺之间的相关误差。

【前尺】是水准测量过程中本测站前进方向的标尺，时而为 A 尺，时而为 B 尺。

【后尺】是水准测量过程中本测站身后方向的标尺，时而为 A 尺，时而为 B 尺。

如图 5-3 及图 5-4 所示，测线前进方向的标尺称为前尺，身后的称为后尺。往测时，奇数站 A 为后尺、B 为前尺，偶数站 B 为后尺、A 为前尺；返测时需交换标尺，奇数站 B 为后尺、A 为前尺，偶数站 A 为后尺、B 为前尺。对于双转测线，总与往测类似，奇数站 A 为后尺、B 为前尺，偶数站 B 为后尺、A 为前尺。各测线的测量过程就是图 5-3 及图 5-4 模型的多次排列组合，往测时（含双转的左右线）为 A—B—A 模型，返测时为 B—A—B 模型。

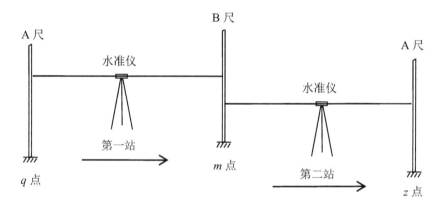

图 5-3　水准测量的两测站往测模型

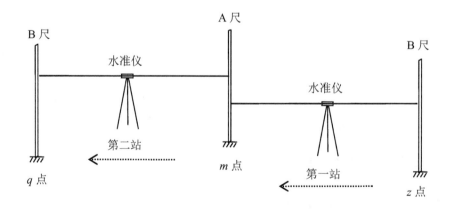

图 5-4　水准测量的两测站返测模型

　　数据处理及智能计算时，为了统一相关计算模型，规定每测站的高差等于前尺底端的高程减去后尺底端的高程，也等于后尺基本读数减去前尺基本读数。例如往测时某测站后尺底端的高程为99 m，前尺底端的高程为100 m，水准仪在理想水平状态下测量，其后尺读数为2 m，前尺读数应为1 m，该测站的往测高差就等于100-99=2-1=+1（m）。当返测时其前尺、后尺的数据与往测时对调，其前尺读数应为2 m，后尺读数应为1 m，该测站的返测高差就等于99-100=1-2=-1（m）。

　　现对两个测站的往返附合测线进行探讨，假定每把标尺只照准基本分划面读数（简易测量，实际工作中必须读数两次，求取算数平均值，此处仅采用一个读数，并未考虑基辅差、不等差等相关改正），q 点为测线的起点，m 点为中间的转站点，z 点为测线的终点。已知 q 点的高程为 H_q，现在求终点的初测高程 H_c（c 代表初测、初始或初略）。

　　首先进行往测，由起点 q 向终点 z 进行测量，按图 5-3 所示布设水准仪与标尺。

　　进行第一站的测量，将A尺立于起点 q 点处，将B尺立于转站点 m 点处，在两尺的中间放置水准仪，保持前后距离近似相等。调平水准仪，利用水平视线测得（后尺）A尺的读数 a，测得（前尺）B尺的读数 b，计算出往测第一站的高差 $w_1=a-b$。

　　进行第二站的测量，保持 B 尺不动，将 A 尺立于终点 z 点处，在两尺的中间放置水准仪，保持前后距离近似相等。调平水准仪，利用水平视线测得（后尺）B 尺的新读数 b，测得（前尺）A 尺的新读数 a，计算出往测第二站的高差 $w_2=b-a$。须注意第二站的 a、b 数值与第一站的 a、b 数值是不同的，这样设置参数可方便计算机重复处理数据。

　　往测时高差与高程的简易计算公式如下所示：

　　往测的简易高差公式：$h_w=w_1+w_2$ 　　　　　　　　　　　　　　　　（5-1）

　　往测时终点的简易高程公式：$H_w=H_q+h_w$ 　　　　　　　　　　　（5-2）

　　式中，H 表示高程，h 表示高差，w 表示往测，q 表示起点，数字为测站数。

　　其次进行返测，由终点 z 向起点 q 进行测量，按图5-4所示布设水准仪与标尺。须注意，返测时须要交换标尺的位置，标尺位置与往测时相反。往测时A尺位于起点处，为A—B—A模型；返测时B尺位于终点处，为B←A←B模型，简单标记为B—A—B模型。

　　返测的测量过程与往测时类似，不再详细论述。计算时各测站的高差都等于后尺读数减去前尺读数，返测第一站的高差 $f_1=b-a$，返测第二站的高差 $f_2=a-b$。对应测站（或测段、路段等）的返测高差与往测高差绝对值相近，但正负号通常相反（不含绝对值接近零值时的正负跳动），属于异号模型。

通过往返测量，得到往测高差与返测高差，利用往测高差与返测高差计算出对应测站（或测段、路段等）的高差，再计算出终点的初测高程值 H_c。相关简易计算公式如下所示：

返测的简易高差公式：$h_f = f_1 + f_2$ （5-3）

返测时终点的简易高程公式：$H_f = H_q - h_f$ （5-4）

附合测线的往返高差中数公式：$h_c = (h_w - h_f)/2$ （5-5）

往返附合测线终点的初测高程公式：$H_c = H_q + h_c$ （5-6）

式中，H 表示高程，h 表示高差，w 表示往测，f 表示返测，q 表示起点，c 表示初测，数字为测站数。

按照各种水准测量规范，为了增加水准测量成果的可靠性，无论往测、返测或双转测量，每测站都必须照准前尺测量两次，并照准后尺测量两次，用两次测量的高差值求算数平均值得到此测站的平均高差。用多个测站的累计高差得到各测段（或路段）的高差值。在数据处理成果中，我们更关注的是各测段（或路段）的高差，大多忽略（或隐去）各测站的高差。

由于存在测量误差，一般多次测量的高差值略有差异。测线的往测高差等于各测站往测高差之和，测线的返测高差等于各测站返测高差之和。由此可知常规测线的往测高差与返测高差的绝对值应相近，符号一般相反（异号）。双转测站的右线高差与左线高差的绝对值应相近，符号一般相同（同号）。需特别注意，当两水准点的高差接近零值时，往测高差与返测高差的绝对值接近零值，数值在零值附近跳动，可能同号，也可能异号。

水准测线（测站、测段、路段等）用起点高程与测线的高差中数之和计算未知点的高程。测线的【高差中数】类似求两个高差数的平均值；测线两个高差数的绝对值须相近，当采用不同的公式模型，所得高差的正负号可能相反（不含绝对值接近零值时正负跳动）；针对同号模型，高差中数就是两个高差数的算数平均值；针对异号模型，高差中数是第一高差数（往测高差）减去第二高差数（返测高差）后的一半。

扩展知识：《水准大师》软件中常规测线进行往返测时都采用异号模型公式，为了统一智能化计算方法、简化逻辑流程，双转测线都将左线高差取反号，也转化为【异号模型】公式参与统计计算。针对往返常规测线，往测高差与返测高差属于异号模型；归算至起点的闭合高差等于往测高差加上返测高差。针对转化后的双转测线，右线高差与左线高差属于异号模型，归算至起点的闭合高差等于右线高差加上左线高差。

5.3 各种测线的基本计算公式

当两测站无法完成水准测量时，需增设测站，应按 4，6，8，…，n 等设置偶数站。各种测线的标尺布设及测量过程参见图 5-5，都是两测站模型的排列组合，逐站测量并计算出各测站的高差，再计算出终点的初测高程。相邻两测站的测量过程都类似两测站模型，注意偶数站时与奇数站的标尺位置相反。

为了增加水准测量的可信度并提高精度，三等以上的高等级水准测量要求必须进行往返测量，用往测高差与返测高差的中数作为此测线的高差。等级水准测量通常要求从起点至终点须设立偶数站，以抵消各站的测量误差，仅粗略的工程测量对偶数站不作强制要求。水准仪必须放置在两把标尺的中点并调平，以减弱水准仪 i 角误差的影响。由于存在测量误差，还须进行各项改正，相关改正方法及其原理将在以后章节内详细论述。

常规测线往测时，水准测量从起点向终点行进，必须将 A 尺放在起点上。应设立偶数站，前进（终点）方向称为前尺，身后（起点）方向称为后尺。奇数站 A 尺为后尺，B 尺为前尺；偶数站 B 尺为后尺，A 尺为前尺。此时标尺的布置顺序是 A→B→A…A→B→A。

常规测线（不含闭合支线）返测时，水准测量从终点向起点行进，要求交换标尺，须将 B 尺放在终点上。返测也应设立偶数站，起点方向称为前尺，终点方向称为后尺。返测时奇数站 B 尺为后尺，A 尺为前尺；偶数站 A 尺为后尺，B 尺为前尺。此时标尺的布置顺序是 B→A→B…B→A→B。

双转测线都是从起点向前行进，右线与左线标尺的布设顺序都是 A→B→A…A→B→A，都类似往测的计算方法。双转测线一般应用于四等及以下水准测量，各测站的左线高差与右线高差一般同号（当高差接近 0 值时，有可能异号），属于同号模型。无论常规测线的往测与返测，还是双转测线的右线与左线，每测站的高差都规定用后尺读数减去前尺读数。

计算各测线（测段、路段等）的高差中数时，常规测线都采用异号模型公式。为了智能计算、数据处理、统计分析的便利，双转测线也转化为异号模型公式，有利于常规测线与双转测线的混合网络统一处理。相关计算公式参见表 5-1。

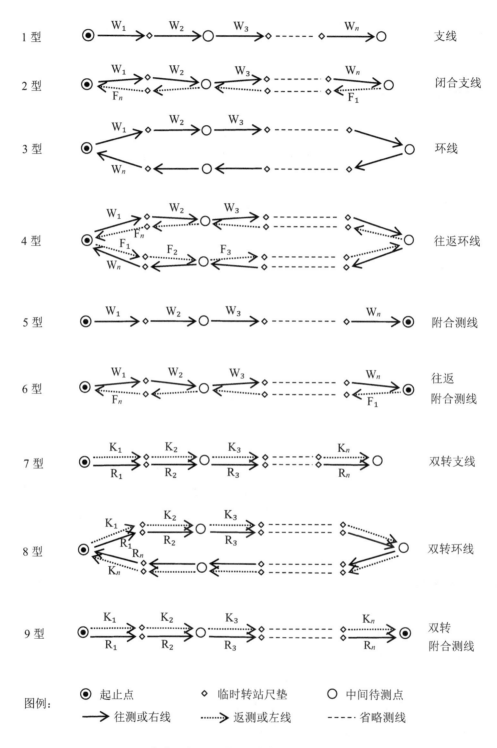

图 5-5　水准测线的类型及尺垫布设图（含测站顺序号）

特例： 闭合支线在智能软件中是一种特殊测线，是闭合环线的一种特殊形式，只有起点，不存在终点。由于进行单行存储时不知道哪一个点为返测点，返测时并不需交换标尺，仍按 A→B→A…A→B→A 形式布设标尺，当闭合至起点后才智能化决定返测点及此测线的类型。在日常使用中，建议少使用闭合支线这种线型，可用往返附合测线替代闭合支线。

对于常规往返测线，一般往测的第一站对应返测的最后站，往测的最后站对应返测的第 1 站，但注意往测与返测的站数不一定都相等，例如往测时有 22 站，而返测时共 24 站。对于双转测线，左右总成对出现，右线站数必定等于左线站数。

表 5-1　计算测线高差与高程的基本公式

序号	公式名称	公式的表达式	公式编码	适用线型
1	往测高差	$h_w=w_1+w_2+w_3+\cdots+w$	（5-7）	（1）、2、3、4、5、6 型
2	返测高差	$h_f=f_1+f_2+f_3+\cdots+f$	（5-8）	2、（3）、4、（5）、6 型
3	右线高差	$h_r=r_1+r_2+r_3+\cdots+r$	（5-9）	（7）、8、9 型
4	左线高差	$h_k=-k_1-k_2-k_3-\cdots-k$	（5-10）	（7）、8、9 型
5	往测终点高程	$H_w=H_q+h_w$	（5-11）	2、3、4、5、6 型
6	返测终点高程	$H_f=H_q-h_f$	（5-12）	2、4、6 型
7	右线终点高程	$H_r=H_q+h_r$	（5-13）	（7）、8、9 型
8	左线终点高程	$H_k=H_q-h_k$	（5-14）	（7）、8、9 型
9	附合测线高差	$h_c=h_w$	（5-15）	5 型
10	环线高差	$h_c=h_w$	（5-16）	3 型｛闭环差｝
11	2 型线闭合差	$h_c=h_w+h_f$	（5-17）	2 型｛闭环差｝
12	往返高差中数	$h_c=(h_w-h_f)/2$	（5-18）	（2）、4、6 型
13	双转高差中数	$h_c=(h_r-h_k)/2$	（5-19）	（7）、8、9 型
14	终点初测高程	$H_c=H_q+h_c$	（5-20）	2、3、4、5、6、7、8、9 型
说明				

w 往测；w_1, w_2, w_3, …, w 常规测线往测时各测站的高差值；
f 返测；f_1, f_2, f_3, …, f 常规测线返测时各测站的高差值；
r 右线；r_1, r_2, r_3, …, r 双转点右线各测站的高差值；
k 左线；k_1, k_2, k_3, …, k 双转点左线各测站的高差值；
h_w 往测高差；h_f 返测高差；H_w 往测终点高程；H_f 返测终点高程；
h_r 右线高差；h_k 左线高差；H_r 右线终点高程；H_k 左线终点高程；
h_c 初测高差（实测后仅进行了基辅差改正）；H_c 终点初测高程；
注：适用线型列中带有括号的线型，未闭合或附合，仅代表中间某点的数值。
表中已将双转测线的同号模型转化为常规的异号模型，参与统计计算。

上表中有些名词（基辅差、闭合差等）将在以后章节中再详细论述。

5.4 相关改正

在水准测量过程中，由于存在标尺差异、气候差异（温度、湿度、风力等）、日月引力差异、人为读数差异、工作方法差异、数据计算差异等，实际的测量高差与理论高差间存在一定的误差，为了消除或减弱相应因素的影响，我们就需要进行对应的改正。

根据各项规范要求，为了适应水准测量成果的高精度、智能化计算，参考实际工作，现将水准测量的相关改正分类列表如下。

表 5-2　水准测量的相关改正

分类	改正项目	特等、一二等	精密、三四等	其他等级	备注
基础改正	标尺基辅差改正（基辅改正）	(✔)	(✔)	(✔)	基本固定
	标尺零点不等差改正（尺加改正）	✔	✔		
	标尺名义米长改正（尺乘改正）	◎	◎		
分段改正	标尺温度改正（尺温改正）	◎			时间变化
	水准仪 i 角改正（i 角改正）	✔	✔	✔	
	固体潮改正	◎			
	海潮改正	♦			
起点改正	正常水准面不平行改正（不平行改正）	◎	◎		位置变化
	重力异常改正（重力改正）	◎			
闭合改正	数据舍位改正（舍位改正）	♦	♦	♦	后期
	水准网平差改正（网平差）	✔	✔	✔	
	路（环）线闭合差改正	◎	◎	✔	
说明	✔常规改正项，◎规范强制改正项，♦ 特殊改正项，双面标尺须基辅改正。				

【基础改正】包含标尺基辅差改正（基辅改正）、标尺不等差改正（尺加改正）、标尺名义米长改正（尺乘改正）等项，主要涉及水准标尺的相关固定参数，在单个工程项目（一个期次的水准测量任务）中校准后通常可按固定值对待。

【分段改正】包含标尺温度改正（尺温改正）、水准仪 i 角改正（i 角改正）、固体潮改正、海潮改正等项，受时间与位置两种因素影响，时间因素起主导作用。改正时在每个测段都必须进行实时改正。

【起点改正】包含正常水准面不平行改正（不平行改正）、重力异常改正（重力改正）等项，主要受测点的位置影响，在外业测量时不需要实时改正，可针对整条测线按起点进行统一改正。

【闭合改正】包含水准网平差改正（网平差）、路（环）线闭合差改正，当所有外业工作结束后，可在室内进行数据处理。

水准测量相关改正的计算工作量都比较大，依靠人工计算简直是一场灾难，主要靠计算机进行智能化的内业处理。各项改正将在以后的章节中逐步介绍。

习　题

第一题：各类高等级水准测量需采用（　　）进行计算。［单选］

    A.视高法 　　　　　　　　　　B.高差法

    C.仪高法 　　　　　　　　　　D.高程法

第二题：水准测量前视点高程等于视线高（　　）前视读数。［单选］

    A.加上 　　　　　　　　　　　B.减去

    C.乘以 　　　　　　　　　　　D.除以

第三题：水准测量中本测站的高差等于后视读数（　　）前视读数。［单选］

    A.加上 　　　　　　　　　　　B.减去

    C.乘以 　　　　　　　　　　　D.除以

第四题：按相关规范要求，三等水准测量必须进行（　　）改正。［单选］

    A.标尺温度 　　　　　　　　　B.重力异常

    C.固体潮 　　　　　　　　　　D.标尺名义米长

第五题：试论述水准测量中高差法与视高法的异同。

第六题：试论述二等水准测量必须进行哪些改正。

第七题：水准测量中如何计算高差中数？

第6章 水准测量的基础改正

6.1 水准标尺相关的技术指标

水准测量的基础改正，主要涉及水准标尺相关技术指标的检校（测量、计算、校准）及数据改正等操作。标尺检校一般可在室内或驻地附近进行，执行一次检校后在一段时间内（例如某期次水准测量过程中）可将计算的参数按固定值对待；数据改正需在外业测量或后期成果计算时，利用已检校的参数进行对应改正。依据水准测量的相关规范，作者仔细整理了水准标尺的相关技术指标如表 6-1 及表 6-2 所示。

表 6-1 内业检校时水准标尺的技术指标

单位：毫米（mm）

技术指标项目	一、二等限差	三、四等限差	一级限差	超限处理方法
标尺的检视	＋	＋	＋	碰伤、脱漆等禁用
标尺上圆水准器的检校	＋	＋	＋	用改针调节气泡
标尺弯曲差	4.0	8.0	—	对标尺施加改正
一对标尺零点不等差	0.10	1.0	(2.0)	调整
标尺基辅分划常数偏差	0.05	0.50	(1.0)	采用实测值
标尺底面垂直性误差	0.10	—	—	采用尺圈
标尺名义米长偏差	0.10	—	—	禁止使用返厂校正
一对标尺名义米长偏差	0.050	0.50	—	调整或禁止使用
测前测后一对标尺名义米长变化	0.030	—	—	分析原因据实处理
标尺分划偶然中误差	0.013	—	—	禁止使用
标尺分米分划误差	—	1.0	(2.0)	禁止使用
说明：特等、精密与一、二等要求相同或近似，五等对应水准工程一级测量。				

表 6-2　外业测量中水准标尺的读数限差

项目	特等	一等	二等	精密	三等	四等	五等	单位
单尺基辅读数差	0.3	0.3	0.4	0.5	2.0	3.0	4.0	毫米(mm)
双尺基辅读数差	0.4	0.4	0.6	0.8	3.0	5.0	7.0	毫米(mm)
测量读数区间	2.80	2.80	2.80	2.80	2.80	2.80	4.80	米(m)
	0.65	0.65	0.55	0.45	0.30	0.30	0.20	
说明：特等与一等相同，精密为内差值，五等对应常规一级工程为扩展值。								

【标尺的检视】主要采用人工方法检视标尺有无凹陷、裂缝、碰伤、划痕、脱漆等现象，检视标尺刻度是否清晰、有无异常伤痕。

【标尺上圆水准器的检校】在距离水准仪约 50 m 处的尺桩上安置被检测标尺，使标尺的中线（或边缘）与水准仪望远镜内的竖丝严密重合，保持标尺竖直，用改针调整标尺上圆水准器的气泡逐步使其居中。需对标尺的正面、背面、侧面反复检校多次，直至无论如何旋转标尺，标尺上圆水准器的气泡完全居中。

【标尺弯曲差】是标尺分划面中点到分划面两侧端点组成直线的垂直距离，可理解为将标尺水平放置在理想水平面上时，标尺两端与标尺中点形成的弧形弯曲的高度值。如果是精密标尺可以将弧形弯曲的弓背朝上，用塞尺塞入标尺与理想水平面的间隙，测量标尺下部的缝隙高度；如果是塔尺可以一节一节地检查，然后在每节侧面上标注 2 个以上中心点，安装好塔尺，对中心线全长拉通线检查弧形弯曲的高度值。当检测值超出规范要求时，可以将重物压在标尺上放置一段时间后，再次进行检测，直至该参数合格。

【标尺底面垂直性】是指水准标尺底面与中轴线的垂直性。由于工厂制造工艺误差及水准标尺磨损等原因，导致标尺底面与中轴线将产生一个较小的倾斜角度，标尺放置在尺台上时会产生一定程度的高差变化，由标尺底面垂直性引起的标尺读数误差称为【标尺底面垂直性误差】。当标尺底面垂直性误差超限时，必须在标尺底部固定一个尺圈进行校正。标尺底面垂直性的检测过程如下所示（注：与下文的零点不等差检测类似）。

在距离水准仪 20～30 m 处打下三个尺桩，各尺桩顶部应保持几厘米的高差，标尺底面垂直性检测需进行两个测回，每个测回需将标尺依次放置在三个尺桩顶部，分别用标尺底面的中心点、前边缘、后边缘、左边缘、右边缘（十字形）五个点放置在每个尺桩顶部，用水准仪保持视轴位置不变每个点读数三次并记录，求平均值后计算中心点相对于四个点的读数误差，简化的计算过程如表 6-3 所示（省略了三次读数并求平均值的过程），其差值在规范限差内即表示标尺底面垂直性合格，如超出规范限差，必须进行（尺圈）校正。

表 6-3　简化的标尺底面垂直性误差计算表

测回	第一测回			第二测回			差值中数
尺桩	桩 1	桩 2	桩 3	桩 1	桩 2	桩 3	—
中心点 R_1							—
前边缘 R_2							(R_1-R_2)
后边缘 R_3							(R_1-R_3)
左边缘 R_4							(R_1-R_4)
右边缘 R_5							(R_1-R_5)
说明	用标尺底面五点在每个尺桩上测量三次读数，求平均数后记为 $R_1 \rightarrow R_5$； 再计算两个测回的 (R_1-R_2)、(R_1-R_3)、(R_1-R_4)、(R_1-R_5) 多个差值； 最后求出两测回各差值的对应平均值，可得到四个平均值（中数）。 如果某中数超出规范限差，即表示该角点的标尺底面垂直性异常。						

　　【标尺分划误差】是指标尺分划值与标准尺的误差，也就是标尺各测段的分划标识长度与标准长度的误差，涉及三、四等【标尺分米分划误差】及一、二等【标尺分划偶然中误差】两项。现有一、二等水准规范（2006 版）中并未仔细论述标尺分划偶然中误差，其应由专门的检测机构或厂家负责检验；现有三、四等水准规范（2009 版）中对标尺分米分划误差有较详细的论述，该项检验一般仅适合区格式木质标尺，对线条式、条码式等因瓦尺无法人工读取相关参数，应用范围较小。下面依据三、四等水准规范进行简单论述。

　　水准标尺分米分划误差检验，用三等标准金属线纹尺或同精度的检查尺在温度稳定的室内进行，测试前两小时应将标准尺（检查尺）与被检验尺放在室内。每一标尺的基本分划与辅助分划均应检验，检验时可将标尺分划面分三个部分，即从 0.1～1.0 m、1.0～2.0 m、2.1～2.9 m，在每次检验前需读记温度。每一部分按每分米需详细检测两次，人工读算出被检验尺与标准尺的误差，列表后再计算出标尺分米分划误差。

　　标尺的检视、标尺上圆水准器的检校、标尺弯曲差、标尺底面垂直性、标尺分划误差等仅需进行内业检校，其参数不参与外业测量和成果改正。基辅差、零点不等差、名义米长等不仅需在内业进行检校，还需在外业测量和成果计算中应用。涉及基辅差、零点不等差、名义米长等相关参数将在下文中独立分节论述。

　　外业测量过程中，对水准标尺的读数需参考表 6-2 的限差，例如二等水准基本分划面的最大读数不可超过 2.80 m，最小读数不可低于 0.65 m；某测站读数经计算后单尺基辅差不得超过内业检测参数±0.4 mm，双尺基辅差（基辅对差）不得超过内业检测参数±0.6 mm。由上表可见，对于国家四等以上的水准测量必须采用 3 m 以内标尺（一般不允许用折叠尺或塔尺），且测量读数必须在限差范围内。

扩展知识：水准测量中为什么限定标尺的读数区间？标尺越长其受名义米长误差、风力摇摆晃动、人为倾斜标尺的影响越大；水准视线越接近地表时，受水汽、大气折光的影响越大；因此对于高精度水准测量，必须限定标尺的最大读数与最小读数区间。

6.2 标尺的基辅差改正

水准仪分为光学水准仪与数字水准仪两大类，两类水准仪所用标尺是不同的。常用的标尺根据尺面标识可分为单面标尺与双面标尺两大类。

无基辅差标尺通常是单面标尺，标尺的底端标记为 0 m，向上数值增大。与数字水准仪配套的条码式因瓦尺一般都是单面的，不用也无法计算基辅差的相关参数。

有基辅差标尺都是双面标尺，有两个尺面，一个称作基本分划面，一个称作辅助分划面，两者存在一个固定的差值（基辅差）。与光学水准仪配套的直读式标尺，或与数字水准仪配套的线条式因瓦尺，通常有两个刻度面（基本分划面与辅助分划面），水准测量时每测站需先照准基本分划面读数一次，再照准辅助分划面读数一次，参见图 6-1。特殊的标尺将基本分划面与辅助分划面都绘制在一个尺面内，分左右排列，等同于正面和背面。

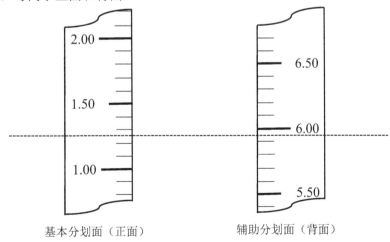

基本分划面（正面）　　　　　　辅助分划面（背面）

图 6-1　双面标尺读数示意图（局部）

【基辅差】又称【尺常数】，指标尺的同一高度上辅助分划读数减去基本分划读数的常数。尺组中 A 尺的基辅差（辅-基）记作 J_a，B 尺的基辅差（辅-基）记作 J_b，为了减少人为制作假数据或标尺摆放顺序错误的可能性，设计标尺时故意打乱读数，通常标尺的基辅差 J_a 与 J_b 并不相等，例如 A 尺的基辅差 J_a=4.687 m，B 尺的基辅差 J_b=4.787 m。一对标尺间基辅差的差值，可称作【基辅对差】，记作 J，规定 $J=J_b-J_a$，等于 B 尺的基辅差减去 A 尺的基辅差。

对于单面标尺仅有基本分划面，没有辅助分划面，此时不存在基辅差（也可以理解为基辅差都记作零值，基辅对差也为零值），可照准基本分划面读数两次。

我们先假定除了基辅差之外，没有其他测量误差，某测站理想的水准测量数据如表 6-4 所示：

表 6-4　某测站理想的水准测量数据（A→B 模型）

单位：m

项目	后尺（A 尺）读数	前尺（B 尺）读数	两读数差值
辅助分划读数	6.969	5.954	1.015
基本分划读数	2.282	1.167	1.115
前两数差值	4.687	4.787	−0.100

由表 6-5 可知，B 尺的基辅差为 4.787 m，A 尺的基辅差为 4.687 m，两尺的基辅对差为 0.100 m。尺组为 A→B 模型时，用基本分划读数计算的高差为 1.115 m，用辅助分划计算的高差为 1.015 m。尺组为 B→A 模型时，用基本分划读数计算的高差为 1.115 m，用辅助分划计算的高差为 1.215 m。用基本分划读数计算的高差才是真实值（理想值）；A→B 模型时，辅助分划计算的高差需加上基辅对差 0.100 m；B→A 模型时，辅助分划计算的高差需减去基辅对差 0.100 m。

表 6-5　某测站理想的水准测量数据（B→A 模型）

单位：m

项目	后尺（B 尺）读数	前尺（A 尺）读数	两读数差值
辅助分划读数	6.854	5.639	1.215
基本分划读数	2.067	0.952	1.115
前两数差值	4.787	4.687	+0.100

对于有基辅差的标尺，基辅差将影响水准测量成果，计算过程中，必须进行改正。假定某测站观测后尺两次，其读数记作 Y_1、Y_2（先基后辅）；观测前尺两次，其读数记作 Y_3、Y_4（先基后辅）；用以上数据组合后可求出此测站的高差。由于水准测

量中高等级测线需进行往返测量，并且标尺布设还有奇偶站的区别，导致各测站的计算方法是不同的，现归纳为表 6-6 所示。

表 6-6　单测站高差的计算公式（有基辅差）

模型	公式名称	公式的表达式	公式编码
尺组 A→B	A→B 高差公式	$h_b=(Y_1+Y_2-Y_3-Y_4+J)/2$	（6-1）
		$h_b=(a_1+a_2-b_1-b_2+J)/2$	（6-2）
	A→B 高程公式	$H_b=H_a+h_b$	（6-3）
尺组 B→A	B→A 高差公式	$h_a=(Y_1+Y_2-Y_3-Y_4-J)/2$	（6-4）
		$h_a=(b_1+b_2-a_1-a_2-J)/2$	（6-5）
	B→A 高程公式	$H_a=H_b+h_a$	（6-6）
说明	h_b 为单测站 A→B 模型的高差；h_a 为单测站 B→A 模型的高差；H_b 为 B 尺点的高程（初测值）；H_a 为 A 尺点的高程（初测值）；J 为基辅对差（$J=J_b-J_a$，对于无辅助分划的标尺，J 为 0 值）；Y_1、Y_2 分别为后尺的基、辅读数，Y_3、Y_4 分别为前尺的基、辅读数；a_1、a_2 分别为 A 尺的基、辅读数，b_1、b_2 分别为 B 尺的基、辅读数。		

按照表 6-6 公式就可对每测站的基辅差进行改正，如果是偶数站，计算累计值时奇数站与偶数站的基辅对差将抵消，这样可减少基辅差的影响。对于某些粗略的工程测量，例如某些井下水准测量，有可能出现奇数站，此时必须仔细计算基辅差。当尺组成 A→B 模型时，计算时需加上基辅对差；尺组成 B→A 模型时，计算时需减去基辅对差。对于无基辅差的标尺可将基辅对差视同零值参与计算，简化后相关公式如表 6-7 所示。

表 6-7　单测站高差的计算公式（无基辅差）

模型	公式名称	公式的表达式	公式编码
尺组 A→B	A→B 高差公式	$h_b=(Y_1+Y_2-Y_3-Y_4)/2$	（6-7）
		$h_b=(a_1+a_2-b_1-b_2)/2$	（6-8）
	A→B 高程公式	$H_b=H_a+h_b$	（6-9）
尺组 B→A	B→A 高差公式	$h_a=(Y_1+Y_2-Y_3-Y_4)/2$	（6-10）
		$h_a=(b_1+b_2-a_1-a_2)/2$	（6-11）
	B→A 高程公式	$H_a=H_b+h_a$	（6-12）
说明	h_b 为单测站 A→B 模型的高差；h_a 为单测站 B→A 模型的高差；H_b 为 B 尺点的高程（初测值）；H_a 为 A 尺点的高程（初测值）；Y_1、Y_2 分别为后尺的两次读数，Y_3、Y_4 分别为前尺的两次读数；a_1、a_2 分别为 A 尺的两次读数，b_1、b_2 分别为 B 尺的两次读数。		

当采用软件进行智能计算时，表 6-6 与表 6-7 可以合并计算模型，都采用表 6-6 中的相关公式，把单面标尺的基辅差（基辅对差）按零值参与计算，减少计算代码

的逻辑分支。

6.3 标尺零点不等差改正（尺加改正）

理想状态下，每把标尺基本分划的最底端刻度应为 0 m，但由于工厂制作工艺及工作磨损等原因，实际标尺基本分划的最底端刻度都不是绝对 0 m，一般为接近 0 m 的数值，一对标尺存在一定程度的零点不等差。

【标尺零点不等差】指一对标尺底端在相同高程的情况下，标尺零点位置之间的差值。假如在水准仪器前方有一固定尺桩，顺序将 A、B 标尺立于尺桩之上，利用同高度的水平视线分别读取两把标尺的基础分划读数记作 a、b，一对标尺的零点不等差等于 $b-a$。即将一对标尺放在一个水准点多次读数求平均值，读数差就等于零点不等差（参见图 6-2）。

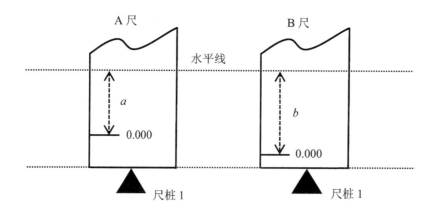

图 6-2　一对标尺零点不等差计算示意图（夸大）

一对标尺的【零点不等差改正】用于修正每测站中因标尺的零点不等差引起的水准测量误差，有些人简称为不等差改正或尺差改正，通常应简称【尺加改正】（意为尺的加常数改正）。零点不等差改正能有效避免一对标尺自身零点位置不一致引起的系统误差。零点不等差改正算法的推导过程参见图 6-2，假定尺组为 A→B 模型，A→B 的高差为 $h_b=0=(a-b)+(b-a)$；反之尺组为 B→A 模型，B→A 的高差为 $h_a=0=(b-a)-(b-a)$。当尺组为 A→B 模型时，计算本测站高差时需加上不等差；尺组为 B→A 模型时，计算本测站高差时需减去不等差。

通常一对标尺零点不等差的数值都比较小，且采用高差法时通过偶数站的测量，能抵消零点不等差的影响，因此许多规范中都未强制要求每测站必须进行零点不等差改正。但是在常规工程水准测量过程中如果某测段出现奇数站时，或采用视高法进行高精度测量时，每测站应进行零点不等差改正计算。

6.4 如何精确检测标尺的零点不等差与基辅差

前面已经简单介绍了一对标尺的零点不等差与基辅差的检校与改正方法，但是在各种水准规范中，对于高精度水准测量，标尺零点不等差与基辅差的检测有详细的规定。通常测定标尺零点不等差时可附带计算出基辅差相关参数，因此标尺零点不等差与基辅差的检测可用一次测量同时完成，可简称为不等差测定。下面以国家一至四等水准测量规范为例，介绍标尺零点不等差与基辅差的精确检测方法。

不等差测定方法：在宽敞的室内或室外，距水准仪前约20～30 m的等距离处设置三个尺桩，分别标记为桩D、桩E、桩F，使桩顶间高差约为20 cm，参见图6-3。顺序将一对标尺轮流设置在三个尺桩上，多次记录水准仪的读数，求取各项算数平均值后，再采用公式计算出标尺的零点不等差与基辅差等参数。

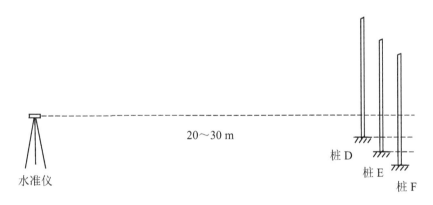

图 6-3　零点不等差与基辅差检测示意图

对于光学水准仪，此项检验应进行三个测回。每一测回中，依次在桩D、桩E、桩F上各安置一对标尺，每次（用光学测微器）按基、辅分划各读数3次，且望远镜的视准轴位置应保持不变，测回间应变换仪器高。

对于双摆位的自动安平水准仪，进行此项检验时，应将摆置于同一位置上。

对于数字水准仪，应设置重复测量次数5次，每测回每桩连续读4次。

对于有基辅差标尺与无基辅差标尺，其检测过程与记录格式略有区别，现以高精度智能化水准测量软件为例，简单介绍零点不等差与基辅差测定过程（图内单位：m）。

对于有基辅差标尺，每测回、每桩号需分别记录三次基辅分划读数，共需 27 行输入数据，每行需输入基本分划、辅助分划的四个读数，其输入界面如图 6-4 所示。通过以上各行数据，用辅助分划值减去基本分划值，再求取算数平均值即可得到 A 尺与 B 尺的基辅差、基辅对差；用 B 尺的基本分划值减去 A 尺的基本分划值，再求取算数平均值即可得到一对标尺的零点不等差，其计算结果如图 6-5 所示。

水 准 大 师 — 水 准 尺 不 等 差

尺组编号 C01 ∨　　　　标尺样式：线条因瓦尺　　　　锁

序号	测回	桩号	A尺基本分划	A尺辅助分划	B尺基本分划	B尺辅助分划
▪ A01	1	1	1.39332	4.40798	1.39291	4.40845
▪ A02	1	1	1.39289	4.40819	1.39267	4.40827
▪ A03	1	1	1.39292	4.40800	1.39252	4.40809
▪ A04	1	2	1.22519	4.24071	1.22539	4.24035
▪ A05	1	2	1.22505	4.24109	1.22518	4.24085
▪ A06	1	2	1.22539	4.24081	1.22529	4.24085
▪ A07	1	3	0.92150	3.93692	0.92105	3.93661
▪ A08	1	3	0.92121	3.93705	0.92115	3.93650
▪ A09	1	3	0.92112	3.93704	0.92100	3.93645
▪ A10	2	1	1.39325	4.40835	1.39264	4.40790

图 6-4　零点不等差与基辅差检测输入数据界面

水 准 大 师 — 水 准 尺 不 等 差

尺组编号 C01 ∨　　　　标尺样式：线条因瓦尺　　　　返回　　锁定　计算

序号	测回	桩号	A尺基本分划	A尺辅助分划	B尺基本分划	B尺辅助分划	A尺基辅读数差	B尺基辅读数差	完成时间	合格否
▪ A13	2	2	1.22593	4.24109	1.22550	4.24061	3.015160	3.015110	20180927.115428	True
▪ A14	2	2	1.22598	4.24140	1.22511	4.24069	3.015420	3.015580	20180927.115428	True
▪ A15	2	2	1.22551	4.24102	1.22515	4.24070	3.015510	3.015550	20180927.115428	True
▪ A16	2	3	0.92123	3.93632	0.92125	3.93645	3.015090	3.015200	20180927.115428	True
▪ A17	2	3	0.92163	3.93689	0.92134	3.93651	3.015260	3.015170	20180927.115428	True
▪ A18	2	3	0.92118	3.93640	0.92111	3.93680	3.015220	3.015690	20180927.115428	True
▪ A19	3	1	1.39269	4.40861	1.39268	4.40812	3.015920	3.015440	20180927.115428	True
▪ A20	3	1	1.39261	4.40872	1.39271	4.40821	3.016110	3.015500	20180927.115428	True
▪ A21	3	1	1.39291	4.40895	1.39251	4.40821	3.016040	3.015700	20180927.115428	True
▪ A22	3	2	1.22567	4.24065	1.22541	4.24112	3.014980	3.015710	20180927.115428	True
▪ A23	3	2	1.22510	4.24025	1.22565	4.24103	3.015150	3.015380	20180927.115428	True
▪ A24	3	2	1.22514	4.24035	1.22541	4.24085	3.015210	3.015440	20180927.115428	True
▪ A25	3	3	0.92122	3.93661	0.92120	3.93676	3.015390	3.015560	20180927.115428	True
▪ A26	3	3	0.92115	3.93666	0.92199	3.93635	3.015510	3.014360	20180927.115428	True
▪ A27	3	3	0.92129	3.93661	0.92112	3.93634	3.015320	3.015220	20180927.115428	True

一对标尺零点不等差　-0.000156　　　A尺基辅差总中数　3.015427　　　B尺基辅差总中数　3.015431

图 6-5　零点不等差与基辅差检测计算数据界面

对于无基辅差标尺，每测回、每桩号需分别记录两行或三行基本分划读数，至少需要 18 行输入数据（也可输入 27 行数据），每行需输入两把标尺基本分划的四个读数。用 B 尺的基本分划值减去 A 尺的基本分划值，再求取算数平均值即可得到一对标尺的零点不等差。其输入数据及计算结果如图 6-6 所示。

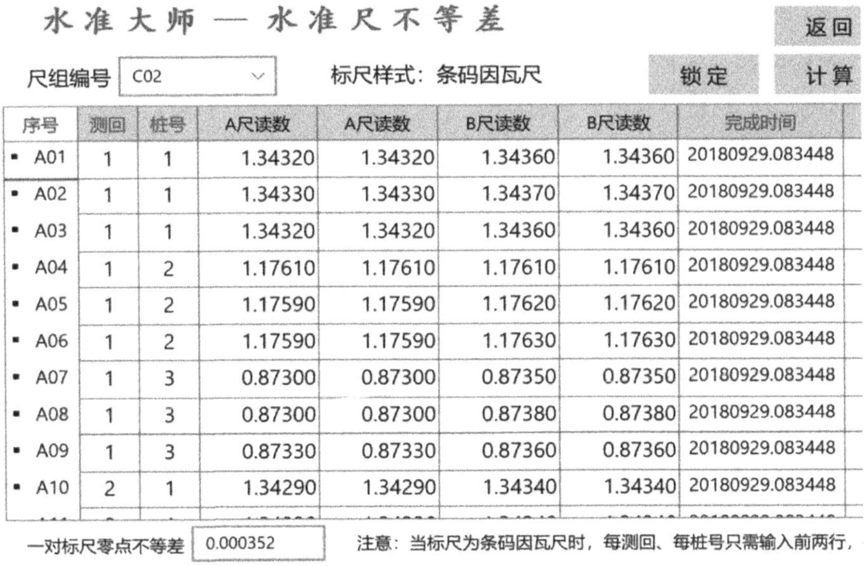

序号	测回	桩号	A尺读数	A尺读数	B尺读数	B尺读数	完成时间
A01	1	1	1.34320	1.34320	1.34360	1.34360	20180929.083448
A02	1	1	1.34330	1.34330	1.34370	1.34370	20180929.083448
A03	1	1	1.34320	1.34320	1.34360	1.34360	20180929.083448
A04	1	2	1.17610	1.17610	1.17610	1.17610	20180929.083448
A05	1	2	1.17590	1.17590	1.17620	1.17620	20180929.083448
A06	1	2	1.17590	1.17590	1.17630	1.17630	20180929.083448
A07	1	3	0.87300	0.87300	0.87350	0.87350	20180929.083448
A08	1	3	0.87300	0.87300	0.87380	0.87380	20180929.083448
A09	1	3	0.87330	0.87330	0.87360	0.87360	20180929.083448
A10	2	1	1.34290	1.34290	1.34340	1.34340	20180929.083448

图 6-6　无基辅差标尺的零点不等差计算界面

6.5 标尺的名义米长改正（尺乘改正）

在对水准标尺的名义米长进行检校时，【标准尺】是指理想的、真实长度最接近 1 m 的检查尺，用于检测水准标尺的合格性。请注意：不要将标尺与标准尺混淆，标尺指的是水准测尺（被检查尺），标准尺指的是真实长度 1 m 的检查尺。

标尺的【名义米长】是指用水准标尺去测量真实长度 1 m 的标准尺时所测得的长度值。

标尺的【名义米长改正】（尺乘改正）是指涉及水准标尺名义米长的差值改正。通过名义米长改正能有效避免标尺自身长度发生改变引起的系统误差。

由于受工厂制作工艺及施工过程中标尺弯曲变形等影响，在常规温度下（一般指 20 ℃）标尺上1 m分划刻度内的真实长度并非1 m。例如用某标尺测量真实长度1 m的标准尺时，其测量结果为0.9998 m（即名义米长为0.9998 m），求0.9998 m的倒数后约为1.0002 m，可知标尺上1 m分划的真实米长为1.0002 m。当水准仪在此标尺上测量读数为1.5000 m时，其真实高度值应为1.5000×1.0002=1.5000/0.9998=1.5003 m，其误差改正值为+0.3 mm。也就是说标尺读数需乘以真实米长（除以名义米长）参数才是真实高度，因此名义米长改正一般也称为尺乘改正。

依据国家各项规范，四等以上的水准测量都必须进行名义米长改正，精确测定名义米长参数的过程如下所示：

（1）当标尺为区格式木质标尺等非因瓦尺时，选择在温度稳定的室内进行此项检验。在检验前两小时将三等以上标准金属线纹尺或同精度的标准尺（即检查尺，真长视为 1 m）和被检测的水准标尺放入检测室。检测时，水准标尺与标准尺应放置在一个水平平台上（图 6-7），使标尺背面与平台充分接触，每一标尺的基本分划与辅助分划均需进行分段往返检测。采取人工读数方法，分段读取被检查尺（水准尺）的左读数和右读数。

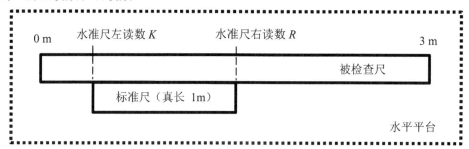

图 6-7　测定标尺名义米长参数示意图

每把标尺的基辅分划每米间隔名义米长的计算公式为：

$$L=(R_1-K_1+R_2-K_2)/2+\Delta t \tag{6-13}$$

式中，K_1 为被检查尺的第一次左读数（mm）；K_2 为被检查尺的第二次左读数（mm）；R_1 为被检查尺的第一次右读数（mm）；R_2 为被检查尺的第二次右读数（mm）；Δt 为检测时标准尺的温度改正数（mm）；L 为标尺的名义米长参数（mm）。

在公式 6-13 中，为了避免标准尺 Δt 参数的影响，我们最好选择室温恒定为 20 ℃的室内进行测定，以上测量过程需重复多次，例如按 0.25～1.25、0.85～1.85、1.45～2.45、1.75～2.75 等分段并往返进行基辅分划的名义米长测定，再求平均值得到该标尺的名义米长参数。其过程相对简单，仅是人工读取左右读数求中数后再求平均值，在此不详细论述，具体记录格式与计算方法，详见国家水准测量规范。

（2）当标尺为因瓦尺时，各项规范中未进行详细说明，一般无须用标准尺进行检查，只需输入标尺所处温度和标尺本身的膨胀系数，来计算因瓦尺某温度时的名义米长。

$$L=1000+a\times(t-20) \tag{6-14}$$

式中，a 为标尺的膨胀系数（mm）；t 为标尺所处工作环境下的温度（℃）；L 为标尺的名义米长参数（mm）。

由公式不难看出，在常规温度下（一般指20 ℃），因瓦尺的名义米长按1.0000 m 处理，无须单独检校其名义米长参数。

通常，测量值加上改正值逐步趋近真值，改正值应近似等于真值减去测量值。例如：某水准标尺的名义米长为1.0001 m，外业水准测量时尺的读数如为2.0002 m，其改正后尺的真实读数应为 2.0002/1.0001=2.0000（m），其名义米长的改正值为 2.0000-2.0002=-0.0002（m），即-0.2 mm。

习　题

第一题：对于一、二等水准测量，标尺弯曲差的限差为（　　）。［单选］

  A.2 mm   B.3 mm

  C.4 mm   D.6 mm

第二题：对于一、二等水准测量，标尺底面垂直性误差的限差为（　　）。［单选］

  A.0.1 mm   B.0.2 mm

  C.0.5 mm   D.1.0 mm

第三题：对于三、四等水准测量，标尺外业读数的最小限制为（　　）。［单选］

  A.0.2 m   B.0.3 m

  C.0.4 m   D.0.5 m

第四题：进行基辅差改正，尺组为B→A模型时，实测数应（　　）基辅对差。［单选］

  A.加上   B.减去

  C.乘以   D.除以

第五题：进行名义米长改正时，实测数应（　　）名义米长参数。［单选］

  A.加上   B.减去

  C.乘以   D.除以

第六题：水准测量的基础改正，主要涉及水准标尺哪些相关技术指标（最少五个）？

第七题：请解释基辅差与基辅对差的异同。

第八题：试论述不等差的测定方法。

第7章　水准测量的分段改正

7.1 相关名词与解释

【因瓦尺】是特种、特型专用的采用因瓦带刻划的精密水准标尺，采用国际标准及工艺设计与制造，各项精度指标领先国际当代水平。

【膨胀系数】是表征物体热膨胀性质的物理量，即表征物体受热时其长度、面积、体积增大程度的物理量。长度的增加称"线膨胀"，面积的增加称"面膨胀"，体积的增加称"体膨胀"。

【i 角】指水准仪的水准管轴在空间上与望远镜的视准轴不平行产生的交角。

【固体潮】是指在日、月引潮力的作用下，固体地球产生的周期性形变的现象。用精密仪器可以观测到地球的固体表层也有和海洋潮汐相似的周期性升降现象，陆地表面的升降幅度可达 7～15 cm。当存在固体潮时，某一观测点的铅垂线方向和地面的倾斜会发生相应变化，但变幅不大，仅有千分之几秒角度。固体潮的存在说明固体地球具有一定的弹性，固体潮就是弹性地球在日月引力作用下发生的弹性变形。此外，由于地震波也是一种弹性波，地球能够传播地震波也从另一个侧面证实了地球是有弹性的。

【海潮】指海洋中的潮汐现象，是与月球与太阳的周期运动有关的涨落运动。由于月球和太阳的引潮力作用，使海洋水面发生周期性涨落现象，平均周期（即上一次高潮或低潮至下一次高潮或低潮的平均时间）通常为 12 小时 25 分。

7.2 尺温改正

【尺温改正】又称标尺的温度改正，指对温度变化而引起的标尺长度变化差值的改正。

标尺的温度改正消除了由于往返测过程中温度不等对测段闭合差的影响。尤其是在高精度水准测量中，温度的变化将引起标尺长度的变化，导致水准测量的成果存在一定的系统误差。

此项改正只应用于二等及以上高精度水准测量。测量时应将测温仪紧贴在标尺上，以便获取最接近标尺的温度。由于一、二等水准测量只能使用线条式因瓦尺或条码式因瓦尺，不能使用木制标尺，因此标尺温度改正过程中的最重要参数为标尺因瓦带膨胀系数。

一个测段水准标尺温度改正数：

$$\partial = \sum[(t-t_0)\cdot\alpha\cdot h] \tag{7-1}$$

式中各参数如表 7-1 所示。

表 7-1　温度改正计算公式中的参数

序号	参数	解释	单位	备注
1	∂	标尺温度改正数	毫米（mm）	
2	t	标尺温度	摄氏度（℃）	
3	t_0	标尺长度检定温度	摄氏度（℃）	
4	α	标尺因瓦带膨胀系数	mm/（m·℃）	
5	h	测量时段中的测站高差	米（m）	

尺温改正要求对温度等进行详细记录，示例数据如表 7-2 所示：

表 7-2　尺温改正温度记录示例数据

序号	日期时间	温度	天气	风向	风力
1	20190306.09	15	晴	东北	0
2	20190306.10	17	晴	东北	2
…	…	…	…	…	…
n	20190306.14	20	多云	无	3

7.3 i 角改正

【i 角误差】是指水准仪的水准管轴与视准轴之间的垂直夹角值。当水准仪的水准管轴在空间上平行于望远镜的视准轴时，它们在竖直面上的投影是平行的；若两轴不平行，则在竖直面上的投影也不平行，其夹角将导致水准仪的视线无法水平。

【i 角改正】是指消除或降低 i 角误差影响的方法。i 角改正可以有效地减小在测量过程中因水准仪 i 角产生的测量误差。

根据各项规范要求，自动安平光学水准仪每天检校一次 i 角。气泡式水准仪每天上、下午各检校一次 i 角。作业开始后的 7 个工作日内，若 i 角较为稳定，以后每隔 15 天检校一次。数字水准仪每天开测前进行 i 角测定。

一、二等水准测量 i 角的限差为 15″，三、四等水准测量 i 角限差为 20″。i 角校验方法共有三种，示例如下。

校验方法一（1AB2）：直线上依次布设测站 1（A 尺外 5～7 m）、A 标尺、B 标尺、测站 2（B 尺外 5～7 m）。远距是测站 2 到 A 尺的距离（约 40～50 m），近距是测站 2 到 B 尺的距离（约 5～7 m）。具体布设情况详见图 7-1。

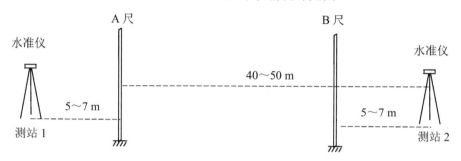

图 7-1　水准仪 i 角校验方法一（1AB2）示意图

校验方法二（A12B）：直线上依次布设 A 标尺、测站 1（A 尺内 5～7 m）、测站 2（B 尺内 5～7 m）、B 标尺。远距是测站 2 到 A 尺的距离（约 40～50 m），近距是测站 2 到 B 尺的距离（约 5～7 m）。具体布设情况详见图 7-2。

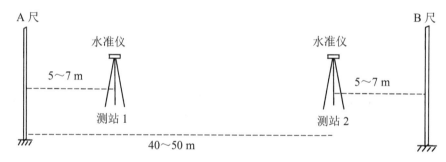

图 7-2　水准仪 i 角校验方法二（A12B）示意图

校验方法三（A1B2）：直线上依次布设 A 标尺、测站 1（位于 A、B 中点）、B 标尺、测站 2（B 尺外 5～7 m）。远距是测站 2 到 A 尺的距离（约 40～50 m），近距是测站 2 到 B 尺的距离（约 5～7 m）。具体布设情况详见图 7-3。

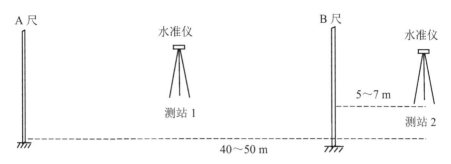

图 7-3 水准仪 i 角校验方法三（A1B2）示意图

观测方法：在测站 1、测站 2 处先后安置水准仪，仔细整平仪器后，分别在 A、B 标尺上各照准读数基本分划四次。对于双摆位自动安平水准仪，第 1、4 次置摆 I 位置，第 2、3 次置摆 II 位置。对于数字水准仪，设置重复测量次数为 5 次，待仪器温度与环境温度充分平衡，并开机预温后方可进行检测。检测按说明书要求操作。i 角计算公式如表 7-3 所示。

表 7-3 i 角计算公式

$i = \Delta \cdot \rho / (L_2 - L_1) - 1.61 \times 10^{-5} \cdot (L_2 + L_1)$		（7-2）
校验方法一	$\Delta = [(a_2 - b_2) - (a_1 - 1)] / 2$	（7-3）
校验方法二		
校验方法三	$\Delta = (a_2 - b_2) - (a_1 - 1)$	（7-4）

i 角计算公式中参数解释如表 7-4 所示。

表 7-4 i 角计算公式中的参数解释

序号	参数	解释	单位	备注
1	i	i 角值	角秒（″）	
2	ρ	常数 206265	角秒（″）	
3	a_1	在测站 1 处观测 A 标尺的读数平均值	毫米（mm）	
4	b_1	在测站 1 处观测 B 标尺的读数平均值	毫米（mm）	
5	a_2	在测站 2 处观测 A 标尺的读数平均值	毫米（mm）	
6	b_2	在测站 2 处观测 B 标尺的读数平均值	毫米（mm）	
7	L_1	仪器距近标尺距离	毫米（mm）	
8	L_2	仪器距远标尺距离	毫米（mm）	

水准仪 i 角检测示例数据如表 7-5 所示，i 角的绝对值如超出相关规范要求，必须调校后重新检测。i 角值趋近 0 值是最优的状态，我们可通过调节圆水准器和管水准器，或返厂调校视准轴等方法，逐步使水准仪的 i 角趋近 0 值（或达到规范

要求）。

表 7-5 *i* 角检测示例数据

仪器：DS1 8680 方法：1AB2 观测者：张三
日期：20190306 标尺：A:517/B:518 记录者：李四
时间：9:38 成像：清晰 检查者：王五

仪器站	测站 1		测站 2		备注
观测顺序	A 尺度数 a_1	B 尺度数 b_1	A 尺度数 a_2	B 尺度数 b_2	
1	2.98712	1.99140	3.10952	3.11394	光学水准仪 4 次、数字水准仪 5 次
2	2.98704	1.99142	3.10956	3.11410	
3	2.98708	1.99154	3.10944	3.11396	
4	2.98708	1.99150	3.10958	3.11400	
5	2.98708	1.99146	3.10952	3.11400	
中数	2.98708	1.99146	3.10952	3.11400	以上为 m
高差	−3.6		−6.0		mm
i	−8.15				″

仪器距近标尺距离 D_1=6.0 m，仪器距远标尺距离 D_2=41.0 m

当水准仪的 *i* 角值经手工维修（改正）符合规范要求后，才可应用于实际的水准测量项目中，其对测量成果的影响与测站至标尺的距离差存在正比例关系。当测站至前后尺的距离一致时，理论上可抵消 *i* 角的影响；当测站至前后尺的距离不一致时，视距差越大，*i* 角对测量成果的影响越大。因此测量规范都要求测站至前后尺的距离尽量相等，并要求每测段中测站至前后尺的累计视距差必须限定在一定范围内（一般 3～15 m）。

例如：三等水准测量要求，每测段的累计视距差需≤5 m，*i* 角误差需≤20″，经计算其对每测段的最大影响值为 Δi=5000sin20″≈0.5（mm）。特等水准测量要求，每测段的累计视距差需≤3 m，*i* 角误差需≤15″，经计算其对每测段的最大影响值为 Δi=3000sin15″≈0.22（mm）。由此可知，水准仪 *i* 角值对测量成果的影响是巨大的。

为了尽可能减小 *i* 角误差的影响，在水准数据的智能计算过程中，可根据水准仪的 *i* 角值与累计视距差，给予每测段 *i* 角补偿，自动部分抵消水准仪 *i* 角误差，一般可将水准的测量精度提高 0.2～0.5 mm。这仅是作者的指导性建议，在各项规范中没作具体要求，读者可参考使用。

7.4 固体潮改正

【固体潮改正】是指水准测量中消除或降低月球、太阳的引潮力作用影响的方法。

在月球、太阳的引潮力作用下，地球的固体部分发生形变，进而对地面进行的水准测量观测产生影响。固体潮对水准仪架设处的影响体现在垂线的变化中，影响水准仪水平气泡的位置，而对水准尺架设处的影响体现在前后尺架设处地表的垂直位移的差值中，固体潮改正可有效地消除或降低日、月引力对高差的影响。

固体潮改正只应用于二等及以上高精度水准测量，精密等级可参考使用。

一个测段高差改正数的公式为

$$v = [\theta_m \cos(A_m - A) + \theta_s \cos(A_s - A)] \cdot \gamma \cdot s \tag{7-5}$$

式中，θ_m、θ_s 分别表示月球、太阳引起的地倾斜；A_m、A_s 分别表示测段平均位置至月球、太阳方向的方位角；A 为观测路线方向的方位角；γ 为潮汐因子，固定值，取 0.68；s 为测段长度。

（1）θ_m、θ_s 的计算公式为

$$\theta_m = \frac{2D_m}{gR}(C_m/r_m)^3 \sin 2Z_m + \frac{2D_m}{gC_m}(C_m/r_m)^4 (5\cos^2 Z_m - 1)\sin Z_m \tag{7-6}$$

$$\theta_s = \frac{2D_s}{gR}(C_s/r_s)^3 \sin 2Z_m \tag{7-7}$$

式中，D_m、D_s 分别表示月球、太阳引起的杜德逊常数；R 为地球平均曲率半径；g 为地球平均重力加速度；C_m、r_m 分别表示地心至月球的平均距离和瞬时距离；C_s、r_s 分别表示地心至太阳的平均距离和瞬时距离。

（2）A_m、A_s 与 Z_m、Z_s 的计算公式

$$\cos A_m = (\sin \delta_m \cos \phi - \sin \phi \cos \delta_m \cos t_m)/\sin Z_m \tag{7-8}$$

$$\cos A_s = (\sin \delta_s \cos \phi - \sin \phi \cos \delta_s \cos t_s)/\sin Z_s \tag{7-9}$$

$$\cos Z_m = (\sin \phi \sin \delta_m - \cos \phi \cos \delta_m \cos t_m) \tag{7-10}$$

$$\cos Z_s = (\sin \phi \sin \delta_s - \cos \phi \cos \delta_s \cos t_s) \tag{7-11}$$

式中，δ_m、δ_s 分别表示月球、太阳的赤纬；t_m、t_s 分别表示月球、太阳的时角；ϕ 为测段平均位置的纬度。

（3）δ_m、δ_s 与 t_m、t_s 的计算公式

$$\sin \delta_m = \sin \varepsilon \sin \lambda_m \cos \beta_m - \cos \varepsilon \sin \beta_m \tag{7-12}$$

$$\cos \delta_m \cos t_m = \cos \lambda_m \cos \beta_m \cos \tau + \sin \tau (\cos \varepsilon \sin \lambda_m \cos \beta_m - \sin \varepsilon \sin \beta_m) \tag{7-13}$$

$$\sin \delta_s = \sin \varepsilon \sin \lambda_s \tag{7-14}$$

$$\cos \delta_s \cos t_s = \cos \lambda_s \cos \tau + \sin \tau \cos \varepsilon \sin \lambda_s \tag{7-15}$$

式中，ε 为黄赤交角；β_m 为月球真黄纬；λ_m、λ_s 分别表示月球、太阳的真黄经；τ 为观测的地方恒星时。

（4）τ 的计算公式

$$\tau = \tau_0 + (T_B - 8) + (T_B - 8)/365.2422 \qquad (7\text{-}16)$$

式中，τ_0 为世界时零点恒星时；T_B 为观测时的北京时刻。

固体潮改正示例数据如表 7-6 所示：

表 7-6　固体潮改正示例数据

序号	参数	值	单位	备注
1	时间	20190510.120000		
2	测段长度	1000	米	
3	方位角	3.14159	弧度	180°
4	地心至月球平均距离	38.44	万千米	
5	地心至月球瞬时距离	37.24	万千米	
6	地心至太阳平均距离	14959.79	万千米	
7	地心至太阳瞬时距离	15103.85	万千米	
8	地球平均曲率半径	6371393	米	
9	黄赤交角	0.409032885	弧度	23°26′09.0888″
10	月球真黄纬	0.008234822	弧度	0°28′18.5540″
11	月球真黄经	2.00091411	弧度	114°38′38.1613″
12	太阳真黄经	0.85938908	弧度	49°14′21.7223″
13	世界时零点恒星时	3.9707092317	弧度	227°30′17.5703″
14	观测的地方恒星时	0.83198371	弧度	47°40′08.9587″
15	月球的赤纬	0.37797532	弧度	21°39′23.0069″
16	太阳的赤纬	0.3060056	弧度	17°31′58.1863″
17	月球的时角	-1.204045457	弧度	-68°59′12.2029″
18	太阳的时角	0.01539148	弧度	0°52′54.7215″
19	月球的天顶角	1.07200805	弧度	61°25′17.5334″
20	太阳的天顶角	0.254122979	弧度	14°33′36.6271″
21	测段至月球的方位角	1.41557693	弧度	81°06′23.7014″
22	测段至太阳的方位角	3.20000327	弧度	183°20′48.0550″
23	月球引起的地倾斜	-0.008	毫米	
24	太阳引起的地倾斜	0.012	毫米	
25	测段的固体潮改正数	0.004	毫米	

当月球、太阳同时位于天顶正中天时，固体潮对地球表面点的引力值最大，但引起的地倾斜最小，导致水准器（气泡）偏差也最小，此时固体潮改正值较小。当月球、太阳同时位于天顶的 45° 角附近时，引潮力值一般，但引起的地倾斜最大，导致水准器（气泡）偏差也最大，此时固体潮改正值较大。固体潮改正值根据时间和地点的不同而变化，改正值通常 ≤1 mm/km，特殊情况下的改正极值

可能达到2 mm/km。

7.5　海潮改正

【海潮改正】是指水准测量中用于消除或降低海潮质量迁移影响的改正方法，又称海潮负荷改正。海水在日月引力及地球自转的作用下，不停地运动，从而形成巨大的质量迁移，产生周期性形变，进而对地面进行的水准测量观测产生影响。

海潮改正既可以消除运动的海水对测站产生的引力，又可以消除运动的海水压力对地壳产生的形变，也可以消除海水运动导致的地壳内部质量重新分布所产生的附加引力，实现有效地消除海潮对测量高差的影响。

海潮改正只应用于二等及以上高精度水准测量，只需对海边的测线进行改正。

一个测段高差的改正数为

$$L=(\xi\cos A + \eta\sin A)s \tag{7-17}$$

式中，ξ、η分别为海潮负荷引起的地倾斜南北、东西分量；A为观测路线方向方位角；s为测段长度。

其中ξ、η的计算公式为

$$\xi=\sum_p\left[\xi^p\cos\left(\omega_p T+x_p+\alpha_{p\xi}\right)\right] \tag{7-18}$$

$$\eta=\sum_p\left[\eta^p\cos\left(\omega_p T+x_p+\alpha_{p\eta}\right)\right] \tag{7-19}$$

式中，ξ^p、η^p分别为各分潮引起的地倾斜南北、东西分量；ω_p为分潮的角频率；T为观测的世界时；x_p为各分潮依天文引数求得的初相角；$\alpha_{p\xi}$、$\alpha_{p\eta}$分别为各分潮地倾斜南北、东西分量相应的相位；p为分潮数。

式中ξ^p、η^p与$\alpha_{p\xi}$、$\alpha_{p\eta}$利用 CSR4.0+CS 或精度更高的海潮模型求得。

在各项规范中，虽给出了海潮改正的计算公式，但未对海潮改正的应用条件作出明确的说明。距离海边多少米内需进行海潮改正？海岸线什么形态下应进行改正？海潮改正与固体潮改正相互影响有多少？地形地质条件对海潮改正有何影响？这些问题困扰着海潮改正的应用，作者建议通常情况下不用进行海潮改正，或细化各种条件后再进行海潮改正。

习　题

第一题：三、四等水准测量必须进行 （　　）。[单选]

    A.标尺温度改正　　　　　　　　B.固体潮改正

    C.正常水准面不平行改正　　　　D.海潮改正

第二题：标尺的温度改正不包含的参数为 （　　）。[单选]

    A.标尺温度　　　　　　　　　　B.标尺长度检定温度

    C.标尺因瓦带膨胀系数　　　　　D.测站高程

第三题：i 角改正的校验方法包含（　　）种。[单选]

    A.一　　　　　　　　　　　　　B.二

    C.三　　　　　　　　　　　　　D.四

第四题：一、二等水准测量 i 角的限差为（　　）″。[单选]

    A.10　　　　　　　　　　　　　B.15

    C.20　　　　　　　　　　　　　D.25

第五题：简述水准测量中如何进行 i 角改正。

第六题：试论述水准测量进行固体潮改正的必要性。

第 8 章 水准测量的起点改正

8.1 相关名词与解释

【水准面】是指静止的水面，它是受地球表面重力场影响而形成的、特别的、一个处处与重力方向垂直的连续曲面，也是一个重力场的等位面。

【重力】是物体由于地球的吸引而受到的力。

【重力异常】是指由于实际地球内部的物质密度分布非常不均匀，因而实际观测重力值与理论上的正常重力值总是存在着偏差，这种在排除各种干扰因素影响之后，仅仅是由于物质密度分布不匀而引起的重力的变化。

【布格重力异常】是重力仪的观测结果，经过纬度改正、高度改正、中间层改正和地形改正以后，再减去正常重力值后所得到的重力差。

全国布格重力异常图如图 8-1 所示。

【正常水准面不平行】是指由于水准面的不平行性，使得两固定点间的高差沿不同的测量路线所测得的结果不一致而产生多值性。

8.2 重力异常改正

【重力异常改正】简称重力改正，是指将地面实测重力值归算到大地水准面上的方法。造成重力异常的主要原因包括两个方面，一是地球的自然表面并不像大地水准面那样光滑，而是起伏不平的；二是地球内部介质密度分布不均匀，这种密度的不均匀性有一部分是地质构造和矿产引起的。

重力异常改正既可以清除观测点到大地水准面的高程对重力观测值的影响，又可以将大地水准面以外的质量的影响按某种方法完全消去。改正后得到的是外部没有任何质量影响的大地水准面上的重力值。

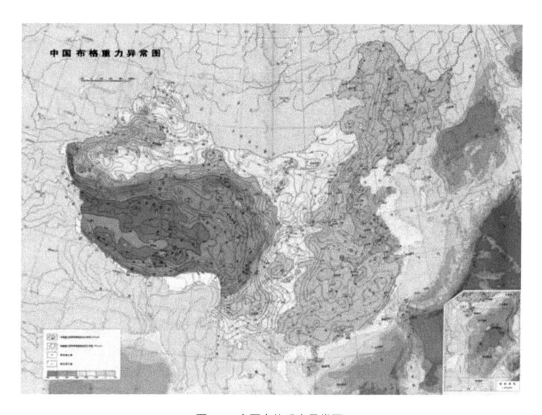

图 8-1　全国布格重力异常图

　　一等水准路线上的每个水准点均应测定重力。高程大于 4000 m 或水准点间距的平均高差为 150～250 m 的二等水准路线上，每个水准点也应测定重力。高差大于 250 m 的一、二等水准测段中，地面倾斜变化处应加测重力。高程在 1500～4000 m 之间或水准点间的平均高差为 50～150 m 的地区，二等水准路线上重力点间平均距离应小于 23 km。水准点上的重力测量，按加密重力测量的要求施测。

　　重力异常改正只应用于二等及以上水准测量。

　　一个测段高差的重力改正数 λ 的计算公式为

$$\lambda = (g-\gamma)_m \cdot h / \gamma_m \tag{8-1}$$

式中各参数如表 8-1 所示。

表 8-1　重力异常改正计算公式中的参数

序号	参数	解释	单位
1	γ_m	根据正常水准面不平行改正公式计算出的正常重力平均值	10^{-5} m/s^2
2	$(g-\gamma)_m$	两水准点空间重力异常平均值	10^{-5} m/s^2
3	h	测段观测高差	米（m）

水准点的布格异常$(g-\gamma)_{布}$从相应的数据库检索，取至 0.1×10^{-5} m/s²。

水准点空间重力异常$(g-\gamma)_{空}$由下式计算：

$$(g-\gamma)_{空} = (g-\gamma)_{布} + 0.1119H \qquad (8\text{-}2)$$

式（8-2）中 H 表示水准点概略高程，单位米（m）。

观测重力值减去正常重力值，加上空间改正，称为【空间异常改正】，如果再加上局部地形改正，则称为【法耶异常】。观测重力值减去正常重力值，加上布格改正，称为【布格异常】；再加上局部地形改正和均衡改正，称为【均衡异常】。

【空间改正】指按地面重力观测点高程考虑正常重力场垂直梯度的改正。此项改正相当于使地面重力观测点移到大地水准面上，而大地水准面以上的地形质量随观测点平移到大地水准面之下。如图 8-2 所示，空间改正是将海拔高程为 h 的重力点 A 上的重力值 g 归算为大地水准面上A_0点的重力值g_0。归算时不考虑地球表面和大地水准面之间的质量，只考虑高程 h 对重力的影响。

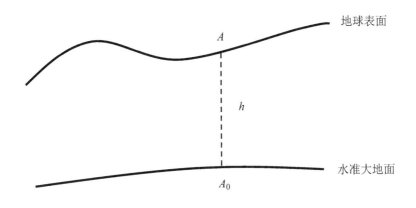

图 8-2　空间改正示意图

重力观测值经过空间改正和层间改正相当于使地面重力观测点移动到大地水准面上。层间改正指消除过观测点的水平面同大地水准面之间的质量层对观测重力的影响而加的改正。此项改正相当于把高出大地水准面的质量当作一个无限平面厚层全部移掉。此两项改正数之和称为布格改正，水准点的布格异常记作$(g-\gamma)_{布}$。

重力异常改正与时间影响无关系，最主要受地理位置的影响，无须按测站进行重力异常改正，外业测量完成后，可从起点至测点进行一次性改正。

8.3 正常水准面不平行改正

【正常水准面不平行改正】简称不平行改正，是水准测量中消除或减弱地球表面的水准面不平行影响的方法。不平行改正受纬度的影响较大，在纬度较低的赤道处重力加速度值较小，在纬度较大的两极地区重力加速度值较大，造成了水准面的不平行。因此，水准面是由赤道向两极收敛近似椭圆形的不平行曲面。

水准面是重力等位面，即在同一水准面上各点的重力位能相等，也称重力位水准面。如图 8-3 所示，点 1 与点 2 在同一水准面上，则点 1 与点 2 重力位能相等，即点 1 与点 2 所在水准面的位能差 ΔW 相等，关系式如下：

$$\Delta W = g_1 h_1 + g_2 h_2 \tag{8-3}$$

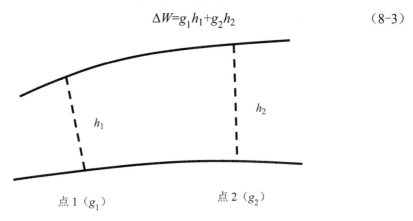

图 8-3　正常水准面不平行模型图

由于在同一水准面上的不同点重力加速度 g 值是不同的，因此 h_1 与 h_2 一定是不相等的，即任何两邻近的水准面之间的距离在不同的点上是不相等的。通过上述分析，可得到水准面的一个重要特性，即水准面不是相互平行的，称为水准面的不平行性。

正常水准面不平行改正主要是为了使点的高程有唯一确定的数值，为了得到精确的水准点间高差，必须进行正常水准面不平行改正，有效地消除因水准面不平行造成的高差多值性。

在进行水准测量的过程中，所测得的高程是由水准路线上各测站所得高差求和而得到的。如图 8-4 所示，地面上点 B 的高程可以按路线 ACB 测得，也可以按路线 ADB 测得，按照水准测量原理，两条水准路线所测得高差应该相等。

当按水准路线 ACB 测得 B 点的高程时，

$$H_B = \Delta h_1 + \Delta h_2 + \cdots + \Delta h_n = \sum_{ACB} \Delta h \tag{8-4}$$

当按水准路线 ADB 测得 B 点的高程时，

$$H_B' = \Delta h_1' + \Delta h_2' + \cdots + \Delta h_n' = \sum_{ADB} \Delta h' \tag{8-5}$$

由于水准面的不平行性，则 $\Delta h_1 + \Delta h_2 + \cdots + \Delta h_n \neq \Delta h_1' + \Delta h_2' + \cdots + \Delta h_n'$，即 H_B 与 H_B' 一定

不相等。因此，水准测量测得两点间高差的结果随测量路线的不同而产生差异。

假设水准路线构成闭合环线 $ACBDA$，由于 H_B 与 H_B' 一定不相等，则即使水准测量过程中没有产生任何误差，水准环线的闭合差也一定不为零。

综上所述，由于水准面的不平行性，使得两固定点间的高差沿不同的测量路线所测得的结果不一致而产生多值性，为了消除这种现象必须进行正常水准面不平行改正。

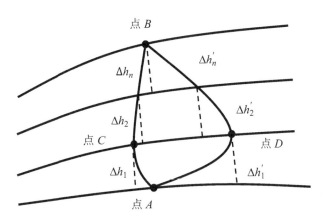

图 8-4　正常水准面不平行模型

正常水准面不平行改正在一、二等水准测量与三、四等水准测量中计算方法不同。

一、二等水准测量正常水准面不平行改正：

$$\gamma = -(\gamma_{i+1} - \gamma_i) \cdot H_m / \gamma_m \tag{8-6}$$

式中各参数如表 8-2 所示。

表 8-2　正常水准面不平行计算公式中的参数

序号	参数	解释	单位	备注
1	γ_m	两水准点正常重力平均值	10^{-5} m/s²	
2	γ_i	i 点椭球面上的正常重力值	10^{-5} m/s²	
3	γ_{i+1}	$i+1$ 点椭球面上的正常重力值	10^{-5} m/s²	
4	H_m	两水准点概略高程平均值	米(m)	

其中，
$$\gamma_m = (\gamma_i - \gamma_{i+1})/2 - 0.1543 H_m \tag{8-7}$$
$$\gamma = 978032(1 + 0.0053024 \sin^2\phi - 0.0000058 \sin^2 2\phi) \tag{8-8}$$

式中，ϕ 表示水准点纬度；γ 值取至 0.01×10^{-5} m/s²。

三、四等水准测量正常水准面不平行改正公式：

$$\varepsilon = -A \cdot H \cdot \Delta\phi \qquad\qquad (8\text{-}9)$$

式中：

（1）A 表示常系数，以测段始、末点纬度平均值 ϕ 为引数在正常水准面不平行改正数的系数表中查询，$A=0.0000015371 \cdot \sin 2\phi$；

（2）H 表示测段始、末点近似高程平均值，单位为米（m）；

（3）$\Delta\phi$ 表示测段末点纬度减去始点纬度的差值，单位为分（′）。

正常水准面不平行改正与时间影响无关系，最主要受地理位置的影响，无须按测站进行改正，外业测量完成后，可从起点至测点进行一次性改正。正常水准面不平行改正在东西向的水准路线中影响最小，在南北向的水准路线中影响最大，最大值通常可达到 1～2 mm/km。

习　题

第一题：一、二等水准加测重力，目的是对水准测量成果进行（　　）。[单选]

　　A.地面倾斜改正　　　　　　　　B.归心改正

　　C.重力异常改正　　　　　　　　D.i 角改正

第二题：在重力测量中，段差是指相邻两个点间的（　　）差值。[单选]

　　A.距离　　　　　　　　　　　　B.高程

　　C.重力　　　　　　　　　　　　D.坐标

第三题：国家等级水准测量均需进行的改正是（　　）。[单选]

　　A.水准标尺温度改正　　　　　　B.正常水准面不平行改正

　　C.重力异常改正　　　　　　　　D.固体潮改正

第四题：简述一、二等水准测量进行重力异常改正的必要性。

第五题：简述等级水准测量进行正常水准面不平行改正的必要性。

第9章 测量成果的精度评定

9.1 精度评定相关知识

9.1.1 误差与精度

【真值】是在一定的时间及空间条件下，物体属性理想的真实数值。真值是一个理想的概念值，大多数渐变属性（例如高度、重量、体积、温度等）是无法或很难通过测量得到其真值的，但有些递进属性（例如物体个数）较容易测量。

【理论值】是根据某项科学理论计算出的理论数据，是目前最接近真值的理论数据。例如三角形的内角和为180°，其理论值等于真值。

【期望值】（数学期望、最佳估值、期待值）是指在一个离散性随机变量试验中每次可能结果的概率乘以其结果的总和，也就是通过随机试验在同样的机会下重复多次观测的结果计算出的等同"期望"的平均值。以上的定义太复杂，可简单理解为：期望值就是概率加权平均值，通常比算数平均值更接近理论值或真值。

常规测量的过程就是研究未知值，推测估计值，实际测量得到初测值（观测值），进行各项改正得到改正值，采用概率分析得到期望值，采用理论分析计算理论值，综合研究探讨真值的过程。可参见第4章"4.4 测点的高程信度"。

【真误差】是观测值减去真值的数值，大多数情况无法或很难得到真误差值。由于真值和理论值很难取得，常规测量中多采用期望值代替真值或理论值。

【误差】是观测数据中的干扰信息，是指观测值减去参考值（一般采用期望值）的数值。误差的来源包括测量仪器（水准仪、水准尺、计算设备等）、观测者（观测员、记录员、辅助员等）、外界条件（风力、温度、湿度、大气折光、时间、位置等）三大类因素。

根据误差对成果的影响性质，误差可划分为系统误差、偶然误差、粗差三部分。

【系统误差】是观测系统引起的有规律性变化的误差值，系统误差大多是由测量仪器或计算方法等因素引起的。

【偶然误差】（随机误差）是偶然因素引发的无明显规律的误差值，偶然误差大多是由外界条件或人为观测等因素引起的。水准测量主要研究偶然误差。

【粗差】（粗大误差）是超出常规最大误差的异常误差，粗差是由明显的错误值引发的，其值一般比系统误差和偶然误差大许多倍。粗差大多是由人为读数错误、输入数据错误、起始数据引用异常或观测条件突变等因素引起的。

误差大多服从正态分布，有一维正态分布或多维正态分布。

【精度】是指误差分布的密度或离散程度，即误差离散度的大小，指示观测值与数学期望（期望值）的接近程度。在相同观测条件下，误差的绝对值越大其观测精度越低，误差的绝对值越小则观测精度越高。通常系统误差与粗差容易发现并控制，也容易进行分析处理。偶然误差在测量成果中是不可避免的，是精度评定的主要对象。

【准确度】指示数学期望（期望值）与真值的接近程度，一般用于评定系统误差。

【精确度】指示观测值与真值的接近程度，是精度与准确度之和，用于评定总误差。

由于水准测量通常无法取得真值，因此对水准测量成果进行评定时，都采用精度参数，评定观测值与期望值的接近程度，主要分析偶然误差的影响。

9.1.2 线改高差与精度评定

为了更容易理解水准测量的相关改正及精度评定参数，作者全新定义了初测高差、线改正、线改高差等专用名词，之后再介绍与误差精度评定相关的参数。

【初测高差】是指水准测线经外业测量未进行各项改正前的初始测量高差值。

【线改正】是针对单条水准测线进行内部改正的简称，包括前文介绍的基础改正、分段改正、起点改正三种类型的多项改正，不包含闭合改正（网平差）。

【线改高差】是指水准测线经外业测量并进行测线内部改正（线改正）后的高差值。

请注意：以上三个专有名词是作者最新定义的，以下内容中将多次使用。

水准测量就是通过高差测量计算测点高程的过程。初始测量数据经过测线内部改正后，可得到各测线的线改高差，此时可用高差不符值、偶然中误差等参数判断每条测线的测量精度，不合格的测线需剔除或重测。之后再对测网内全部测线进行闭合改正得到各测线的期望高差，用闭合差参数判断单条测线在网络中的合格性，用全中误差参数判断水准网络的总体合格性。水准测量各项改正的概略流程参见图

9-1。

对水准测量成果进行精度评定，主要集中在闭合改正前后；闭合改正前须进行精度评定，判断各条测线的合格性，不合格的必须剔除或重测；闭合改正后须再次进行精度评定，判断全部测线（水准网）的整体合格性。通常是以线改高差与期望高差为基础展开的，一般不采用初测高差及真值，下文中"高差"无特别说明时，一般指线改高差。

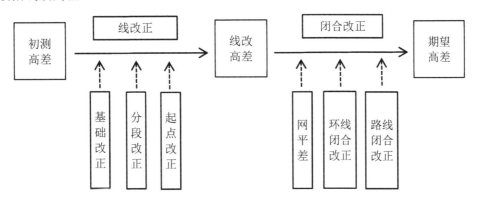

图 9-1　水准测量各项改正的概略流程

9.1.3 水准测量的精度评定参数

（1）【高差不符值】是指测段的两次测量高差值之间的差值。通常以测段为研究对象，用两次测量的线改高差计算高差不符值，其绝对值超过规范规定的限差时，则该测段不合格，需重新测量。如以整条测线（含多个测段）为研究对象，计算整体的高差不符值，可判断整条测线的合格性；如用初测高差参与计算高差不符值，只能概略判断测量成果的精度。

高差不符值根据测线种类不同，分为常规测段往返测高差不符值与双转测段左右线高差不符值两类。按测段计算高差不符值时，两高差数如为同号模型，两数应相减；两高差数如为异号模型，两数应相加。对于水准测量智能计算软件，作者建议各测段的两高差数都采用异号模型，用两数相加，计算本测段的高差不符值。

（2）传统数学的闭合差指某观测数据与其应有值（期望值、理论值、真值）之间的差值，很明显闭合差是误差的一种表现形式。本书仅讨论水准测量的闭合差，水准测量无法或很难取得真值或理论值，闭合改正后一般得到的是期望值。水准测量的【闭合差】指测线内部改正高差（线改高差）减去测线期望高差后的数值。闭合差等于线改高差减去期望高差，通常以整条测线或多条可闭合测线为研究对象，闭合差的绝对值超过规范规定的限差时，则整条测线不合格，需重新测量。

水准测线按形态可分为支线、环线、附合测线三类（参见第 4 章）。支线（1 型）为射线状，不具有环状闭合或附合属性；附合测线类（5、6、9 型测线）具有线状附合属性；闭合环线类（2、3、4、6、7、8、9 型测线）具有环状闭合（闭环）属性。注意 5 型测线仅有附合属性；6 型与 9 型的测线既有附合属性，又有闭环属性。

【附合测线的闭合差】（本书简称"附合差"，用 V 或 v 表示）是附合测线从起点至终点的线改高差与期望高差的差值。在计算时，附合差仅适用于 5、6、9 型测线，要求附合测线的起止点必须为基准点（有可信的、固定的高差值）。通常在闭合改正之后才需计算并分析附合差的合格性。

【闭合环线的闭合差】（本书简称"闭环差"，用 U 或 u 表示）是从起点至起点进行闭合测量的线改高差值，因为闭合环线的期望高差及真值高差都为零值，闭环差就等于线改高差。闭环差是附合差的特例，将闭合起点看作终点时，就是附合差。在计算时，闭环差可广泛适用于 2、3、4、6、7、8、9 型测线，一般无论起止点是否为基准点，闭合环线都可计算闭环差并判断其合格性。

水准测线的闭合差（附合差与闭环差），在各种水准测量规范中称为路线闭合差、环线闭合差，两者有时又合称为【路(环)线闭合差】，作者认为采用附合差与闭环差表述更准确。

【闭合改正值】（常用 Δ 表示）是指期望值减去线改高差，等于对闭合差取反号。各项改正参数全采用加法参与改正计算，期望值就等于线改高差加上闭合改正值，也等于线改高差减去闭合差。

（3）水准测量成果的【中误差】（简称中误差，用 σ 表示）等于多次观测值与期望值偏差的平方和再除以观测次数后的平方根。中误差近似等同数学中的标准差或均方根差，这里不再展开论述标准差与均方根差。如将"期望值"换成"真值"参与计算后的结果可称为"真中误差"。水准测量时无法获得高差的真值，通常用最小二乘法求出的期望值代替真值，中误差是真误差的替代参数，反映一组观测值精度的高低。中误差 σ 是平方根值，一般输出正值。中误差的平方值 σ^2 一般称为【方差】，方差在数学中通常记作 $D(X)=E[(X-EX)^2]$，方差等于多次观测值与期望值偏差的平方和再除以观测次数。

$$D(X)= \sigma^2 =[\Sigma (X_i - E)^2]/N \qquad (9\text{-}1)$$

式中，σ 为中误差（mm）；σ^2 为方差；Σ 为对多个数据求和标记；X_i 为第 i 个观测值（mm）；E 为数学期望值（mm）；N 为观测次数。其中 X_i-E 等于闭合差，上

式也可改写为 $\sigma = \mathrm{Sqr}[(\Sigma\Delta^2)/N]$,

其中，Δ 为闭合改正值（mm）；Sqr 为对后面的数开平方。

按水准测量对象、研究目的不同，中误差可细分为偶然中误差、全中误差等。

【偶然中误差】（全称：每千米水准测量的偶然中误差）是整条测线根据各测段往返测（或左右测）高差不符值与测线长度计算出的中误差。其公式如下：

$$M_\Delta = \pm\mathrm{Sqr}[(\Sigma(\Delta^2/L))/(4n)] \tag{9-2}$$

式中，M_Δ 偶然中误差(mm)；Sqr 为对后面的数开平方；Σ 为对多个数据求和标记；Δ 为各个测段的高差不符值(mm)；L 为各个测段的对应长度(km)；n 为整条测线内的测段数。注意测段长度须采用千米值，偶然中误差已经用测段长度参与了中误差计算，也可称为每千米偶然中误差。

【全中误差】（全称：每千米水准测量的全中误差）是全部测网中根据各环线闭合差与对应的环线周长计算出的中误差。其公式如下：

$$M_w = \pm\mathrm{Sqr}[(\Sigma(W^2/L))/N] \tag{9-3}$$

式中，M_w 为全中误差(mm)；Sqr 为对后面的数开平方；Σ 为求和标记；W 为各个环线的闭合差(mm)；L 为各个环线的周长(km)；N 为全部测网中的环线数。注意环线是由多个测段组成的，环线周长须采用千米值，全中误差已经用测段长度参与了中误差计算，也可称为每千米全中误差。

注：公式（9-2）与公式（9-3）的表达方式与水准测量规范中的公式格式稍有区别，但物理意义相同，更适合采用计算机进行智能化计算。

扩展知识①：【协方差】用于描述两个随机变量 X、Y 的相关程度，协方差在数学中通常记作 $D(XY) = \sigma_{XY} = E[(X-EX)(Y-EY)]$。前面讲的方差（或中误差）仅研究一个随机变量（偶然误差），而协方差可研究两个随机变量（偶然误差与系统误差），是近代平差的研究基础。通常可使用"方差-协方差阵"来研究系统误差与偶然误差的影响。

扩展知识②：【或然误差】（符号 ρ）的定义是：误差出现在 $[-\rho, +\rho]$ 之间的概率为 1/2。对于正态分布，一般有 $\rho \approx 0.6745\sigma \approx 2\sigma/3$，其值越小精度越高。

扩展知识③：【相对误差】是误差值与观测值的比值。相对误差的分母大多采用距离值，结果一般化作 $1/N$ 的格式，例如 1/2000，都是无名数，没有单位，其值越小精度越高。与此类似，也存在相对中误差、相对闭合差等参数。

（4）【检测段高差的差】是检测组测量高差与项目组测量高差的差值，通常质量检测人员与项目验收人员使用此参数，专门用于检测项目组的外业数据是否合格。

9.1.4 精度评定参数的限差

作者整理了各种测量规范有关水准测量精度评定参数的限差值，如表9-1所示。

表 9-1 水准测量有关精度评定参数的限差

参数	特等	一等	二等	精密	三等	四等	五等	备注
往返测高差不符值	1.8*Sk	1.8*Sk	4*Sk	8*Sk	12*Sk	20*Sk	30*Sk	mm
左右线高差不符值	1.2*Sk	1.8*Sk	4*Sk	6*Sk	8*Sk	14*Sk	20*Sk	mm
平原闭合差	1.4*Sk	2*Sk	4*Sk	8*Sk	12*Sk	20*Sk	30*Sk	mm
山区闭合差	1.4*Sk	2*Sk	4*Sk	8*Sk	15*Sk	25*Sk	30*Sk	mm
检测段高差的差	2*Sk	3*Sk	6*Sk	12*Sk	20*Sk	30*Sk	40*Sk	mm
偶然中误差	0.3	0.45	1	2	3	5	7.5	mm
全中误差	0.6	1	2	4	6	10	15	mm
说明	表中"*Sk"是*Sqr(km)的缩写，表示需乘以相应距离千米数的开方值。表中的不符值与闭合差的限差，可正可负，为正负(±)区间值。							

高差不符值与偶然中误差，可用于判断单条测线的往返（双转）测量精度，单向测线无法使用这两个参数；全中误差用于判断全部水准测线（水准网）的总体测量精度；闭合差分为平原与山区两种情况，用于判断附合测线或闭合环线的测量精度。

高差不符值、闭合差、中误差等参数，距离相同时参数的绝对值越小，表示精度越高。还需结合折线距离计算各项限差，如计算的精度参数小于等于规范的限差即为合格，如大于规范的限差即为不合格。

【极限误差】是测量过程中允许的偶然误差的极限值。如各项规范已明确规定的（如表9-1所示）限差就是极限误差；如各项规范没有特殊规定时，一般以三倍或两倍中误差作为偶然误差的极限值 $\Delta_{限}$，例如：水准网内某点的偶然误差值如小于等于2倍的全中误差即为合格。

扩展知识：已知误差成正态分布，其中误差为 σ，误差在[$-\sigma$, $+\sigma$]之间的概率约为 68.3%，在[-2σ, $+2\sigma$]之间的概率约为 95.5%，在[-3σ, $+3\sigma$]之间的概率约为

99.7%。因此常以 3 倍或 2 倍中误差作为偶然误差的极限误差 $\Delta_限$。

9.2 精度评定参数的基础公式

前文已经详细论述了有关精度评定参数的定义与限差等相关知识，本节主要探讨如何计算出各项精度评定参数。为了详细计算水准测量各种测线相关的精度评定参数，理想化了某测线的观测成果，如图 9-2 所示。

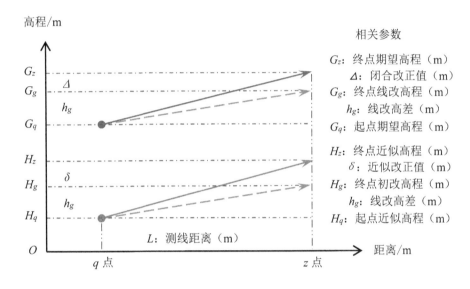

图 9-2 某测线的观测成果示意图

图 9-2 中 q 为测线的起点，z 为测线的终点，已知起点近似高程 H_q、终点近似高程 H_z，假定已求出线改高差 h_g，再经闭合改正已得到起点期望高程 G_q、终点期望高程 G_z（网平差后的高程基准值）。图中显示了近似改正值 δ、闭合改正值 Δ 与其他参数的关系。

为了满足智能计算的需求，参考图 9-2 将水准测量精度评定参数的基础公式列表 9-2，相关字符代表的名词解释参见图 9-2 及前后文。

表 9-2 水准测量各种测线精度评定参数的基础公式

序号	公式名称	公式的表达式	公式编号	备注
1	线改高差	$h_g = H_g - H_q = G_g - G_q$	（9-4）	已知改正值
2	终点初改高程	$H_g = H_q + h_g$	（9-5）	中间值
3	近似高差	$h_o = H_z - H_q$	（9-6）	已知推导
4	近似改正值	$\delta = H_z - H_q - h_g = h_o - h_g$	（9-7）	中间值

（续表）

序号	公式名称	公式的表达式	公式编码	备注
5	终点线改高程	$G_g=G_q+h_g$	（9-8）	过渡值
6	期望高差	$h_e=G_z-G_q=h_g+\Delta$	（9-9）	闭合改正后
7	闭合改正值	$\Delta=G_z-G_q-h_g=h_e-h_g$	（9-10）	通用
8	改正关系式	$h_g+\Delta=h_e=G_z-G_q$	（9-11）	通用
9	单向闭环差	$U_d=h_w+h_f$	（9-12）	2、6 线型 $\{h_e=0\}$
10	往测闭环差	$U_w=h_w$	（9-13）	3、4 线型 $\{h_e=0\}$
11	返测闭环差	$U_f=h_f$	（9-14）	4 线型 $\{h_e=0\}$
12	往返闭环差	$U_4=h_w+h_f$	（9-15）	4 线型 $\{h_e=0\}$
13	往测附合差	$V_w=h_w-h_e$	（9-16）	5、6 线型
14	返测附合差	$V_f=h_f+h_e$	（9-17）	6 线型
15	往返附合差	$V_6=-\Delta=h_g-h_e=(V_w-V_f)/2$	（9-18）	6 线型
16	双转闭环差	$U_7=h_r+h_k$	（9-19）	7、9 线型
17	右环闭环差	$U_r=h_r$	（9-20）	8 线型 $\{h_e=0\}$
18	左环闭环差	$U_k=h_k$	（9-21）	8 线型 $\{h_e=0\}$
19	双环闭环差	$U_8=h_r+h_k$	（9-22）	8 线型
20	右线附合差	$V_r=h_r-h_e$	（9-23）	9 线型
21	左线附合差	$V_k=h_k+h_e$	（9-24）	9 线型
22	双转附合差	$V_9=-\Delta=h_g-h_e=(V_r-V_k)/2$	（9-25）	9 线型
23	测段往返测高差不符值	$Q=h_w+h_f$（采用异号模型）	（9-26）	2、4、6 线型
24	测段左右线高差不符值	$Q=h_r+h_k$（转为异号模型）	（9-27）	7、8、9 线型
说明		h_w 为往测线改高差；h_f 为返测线改高差；备注内未标注线型的为通用公式。 h_r 为右线线改高差；h_k 为左线线改高差；一般有 $h_g=(h_w-h_f)/2=(h_r-h_k)/2$。 计算附合差时，起点与终点必须为基准点，不可为近似值。 以上公式已经将双转测线转化为统计用的异号模型（左线高差取反号）。		

通过表 9-2 的公式，可以计算出各种测线的高差不符值、闭合差等参数，再通过公式（9-2）与公式（9-3）可计算出相关测线的偶然中误差与全中误差等参数。

对于起止点为基准值的三种附合测线可采用附合差判断其精度；对于能闭合成环状的测线（2、3、4、6、7、8、9 型测线）可采用闭环差判断其精度；对于重复测量的测线或测网可采用高差不符值、偶然中误差与全中误差判断其精度。

9.3 相关字符与参数的概要解释

前文已经介绍了水准测量的精度评定参数及其相关性、计算公式等，相关参数的符号一般由两个字符组成；第一个字符称为前缀字符，代表主体含义；第二个字符称为后缀字符，代表辅助含义；两者组合后表达参数的完整含义。为了加深对相关参数的理解，现在采用表格形式（表 9-3、9-4、9-5）对相关参数及各种字符进行概要解释。

表 9-3 水准测量的相关参数释义（前缀字符）

号	符	参数	概要解释
1	h	高差	终点高程与起点高程的差值，即：终点高程-起点高程
2	H	近似高程	高程为已知的近似值，需经改正、平差后进行精确化
3	G	期望高程	高程为高信值，一般是网平差后的期望值（理论值）
4	Q	高差不符值	测段的两次测量高差值之间的同号差值（异号和值）
5	U	闭环差	闭合环线的闭合差，从起点至起点的线改高差值
6	V	附合差	附合测线的闭合差，是线改高差与期望高差的差值
7	N	观测次数	又称频数，是对某项数据进行重复观测的次数
8	L	折线距离	是各测站的折线距离之和，都大于直线距离
9	δ	近似误差	是近似高差与线改高差的差值，指示临时精度
10	Δ	闭合改正值	也称改正误差，是期望高差与线改高差的差值

表 9-4 水准测量的相关参数释义（后缀字符）

号	符	名词	简单解释	简称
1	q	起点	测线的起点（首点）	起
2	g	改正值	一般指终点的测线内部改正值（未进行闭合改正）	改
3	z	终点	测线的终点（尾点，也指闭合环的第二起点）	终
4	w	往测	测线从起点至终点的测量过程	往
5	f	返测	测线从终点至起点的测量过程	返
6	r	右线	双转测线的右线，从起点至终点，类似往测	右
7	k	左线	双转测线的左线，从起点至终点，类似往测	左
8	o	已知值	可以是近似值，也可能为精确值	知
9	e	期望值	或称理论值（很趋近真值），经网平差后的精确值	期
10	d	单向	用 d 代表单向闭合测量（从起点至起点）	单
11	p	平均值	一般指算术平均值，其精度高于近似值，低于期望值	均
12		数字下标	本章内指主要的测线类型，其他章可代表测站数	数

表 9-5 水准测量的相关参数释义（组合字符）

号	符	相关名词与解释
1	G_q	起点的期望高程，一般闭合改正（网平差）后得到
2	G_g	终点的线改高程，用起点的基准高程及线改高差计算得到
3	G_z	终点的期望高程，一般闭合改正（网平差）后得到
4	H_q	起点的近似高程（已知输入值），未知时可用 0 代替
5	H_g	终点的初改高程，用起点的近似高程及线改高差计算得到
6	H_z	终点的近似高程（已知输入值），未知时可用 0 代替
7	h_w	测线的往测高差，绝对值近似等于返测高差（常规异号模型）
8	h_f	测线的返测高差，绝对值近似等于往测高差，单向时无返测高差
9	h_r	双转测线的右线高差，绝对值近似等于左线高差
10	h_k	双转测线的左线高差，绝对值近似等于右线高差（转化为异号模型）
11	h_g	线改高差，是进行测线内部改正后的高差，未进行闭合改正
12	h_o	近似高差，是终点的近似高程与起点的近似高程的差值
13	h_e	期望高差，或称为理论高差，为闭合改正后的高信值
14	U_d	（闭合差）单向闭环差，是从起点至起点进行闭合测量的高差值
15	U_w	（闭合差）往测闭环差，等于环线往测的高差值
16	U_f	（闭合差）返测闭环差，等于环线返测的高差值
17	V_w	（闭合差）往测附合差，是往测高差与期望高差的差值
18	V_f	（闭合差）返测附合差，是返测高差与期望高差的和值
19	V_r	（闭合差）右线附合差，是右线高差与期望高差的差值
20	V_k	（闭合差）左线附合差，是左线高差与期望高差的和值
说明		计算都采用米(m)作为计量单位，精度参数可转换显示为毫米(mm)。 闭环差与附合差的数字下标，表示测线的类型。

9.4 闭合差计算示例

测线通常采用往返测量或双转测量获得重复观测值，由此可计算其高差不符值；高差不符值的计算比较简单，一般采用异号模型对两数相加即可；1、3、5 型测线只有单向测量，无法计算高差不符值。

对于能闭合成环状的测线（2、3、4、6、7、8、9 型测线）可采用闭环差判断其精度；对于附合属性的测线（5、6、9 型测线）可采用附合差判断其精度。闭环差与附合差统称为闭合差。由前文可知，闭合差的相关公式较多，涉及的测线类型繁杂，为了加深对闭合差的理解，现在用图 9-3 举例说明其计算过程。

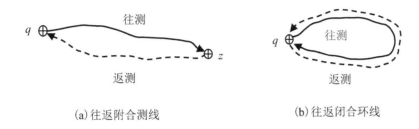

图 9-3　往返附合测线与往返闭合环线示意图

针对图 9-3(a) 的往返附合测线，已知：起点近似高程 H_q=2.0000 m；终点近似高程 H_z=5.1000 m；往测线改高差 h_w=3.0009 m；返测线改高差 h_f=-3.0007 m。经闭合改正（网平差）后，起点基准高程 G_q=3.0401 m；终点基准高程 G_z=6.0403 m。现按 9.2 节的基础公式，列表计算各项参数（见表 9-6）。

表 9-6　往返附合测线的计算示例

序号	参数名称	计算示例　　（计量单位：m）	备注
1	线改高差	h_g=(3.0009-3.0007)/2=3.0008	往返
2	终点初改高程	H_g=2.0000+3.0008=5.0008	误差大
3	近似高差	h_o=5.1000-2.0000=3.1000	误差大
4	近似改正值	δ=3.1000-3.0008=0.0992	误差大
5	终点线改高程	G_g=3.0401+3.0008=6.0409	
6	期望高差	h_e=6.0403-3.0401=3.0002	
7	闭合改正值	Δ=3.0002-3.0008=-0.0006	
8	单向闭环差	U_d=3.0009-3.0007=0.0002	往返测
9	往返闭环差	U_4=？	不适用
10	往测附合差	V_w=3.0009-3.0002=0.0007	往测
11	返测附合差	V_f=-3.0007+3.0002=-0.0005	返测
12	往返附合差	V_6=(0.0007+0.0005)/2=0.0006	往返测
说明	无返测时，无法计算带有返测的参数；往返附合测线也无法计算往返闭环差。		

针对图 9-3(b) 的往返闭合环线，已知：起点近似高程 H_q=2.0000 m；往测高差 h_w=0.0005 m；返测高差 h_f=0.0001 m；经闭合改正（网平差）后，起点基准高程 G_q=3.0401 m。闭合环线的起点与终点相同，近似高差等于期望高差，两者永远为零值。现按 9.2 节的基础公式，列表计算各项参数（见表 9-7）。

表 9-7　往返闭合环线的计算示例

序号	参数名称	计算示例　（计量单位：m）	备注
1	线改高差	$h_g=(0.0005-0.0001)/2=0.0002$	往返
2	终点初改高程	$H_g=2.0000+0.0002=2.0002$	误差大
3	近似高差	$h_o=0$	
4	近似改正值	$\delta=0-0.0002=-0.0002$	
5	终点线改高程	$G_g=3.0401+0.0002=3.0403$	
6	期望高差	$h_e=0$	
7	闭合改正值	$\Delta=0-0.0002=-0.0002$	
8	单向闭环差	$U_d=?$	不适用
9	往测闭环差	$U_w=0.0005$	往
10	返测闭环差	$U_f=0.0001$	返
11	往返闭环差	$U_4=0.0005+0.0001=0.0006$	往返
说明	无返测时，无法计算带有返测的参数。闭合环线不用计算附合差。		

分析总结以上计算成果可知，当仅完成了往测过程、未进行返测过程时，线改高差就等于往测高差；未进行返测时就无法计算高差不符值、偶然中误差等参数。对于往返附合测线可计算单向闭环差，无法计算往返闭环差；仅往返闭合环线才可计算往返闭环差。由于环线的期望高差与真实高差永远等于零值，闭环差的精度可能比附合差的精度更高些；闭合环线不用计算附合差，附合测线如有闭环属性也应按环线计算闭环差。

9.5　如何评定测线的合格性

根据前文的相关公式，已经能计算出各种测线的高差不符值、路（环）线闭合差（附合差与闭环差）、偶然中误差、全中误差等参数，本章第一节也介绍了各等级水准测量精度评定参数的限差。

各类测线在闭合改正前必须用高差不符值、闭环差与偶然中误差判断每条测线的合格性。在闭合改正后必须用附合差判断每条附合测线的合格性，用全中误差判断水准网的整体合格性。当测线或测网不合格时，必须剔除或重测异常测线，循环以上过程再次判断测线与测网的合格性。下面探讨如何利用限差判断各种测线与测网的合格性。

（1）采用高差不符值、闭合差判断测线的合格性，需用到以下不等式：

高差不符值（不符值）：$Q \leq I \cdot \mathrm{Sqr}(L)$　　　　　　　　　　（9-28）

闭合环线的闭合差（闭环差）：$U \leqslant M \cdot Sqr(L)$　　　　　　　　　　（9-29）

附合测线的闭合差（附合差）：$V \leqslant M \cdot Sqr(L)$　　　　　　　　　　（9-30）

式中，Q 为高差不符值(mm)；I 为对应限差的等级常数；Sqr 为开平方；L 为折线距离(km)；U 为闭环差(mm)；V 为附合差(mm)；M 为对应限差的等级常数。各等级常数参见表9-1。

某些水准测量规范和教材中也可采用测站数参与精度评定，判断测线的合格性，其公式类似上面三个公式，仅用测站数 N 替代折线距离 L，作者推荐用折线距离参与精度评定。

由此可知，判断一条测线是否合格，必须先计算出测段的高差不符值及路（环）线的闭合差，再计算出相应的折线距离（或测站数），最后利用限差不等式判断测线的合格性。闭环差、附合差与折线距离的相关计算按测线类型归纳为表9-8。

表9-8　闭环差、附合差与折线距离的对应计算

线型	闭环差 U/mm	折线距离 L_u/km	附合差 V/mm	折线距离 L_v/km
1 型	—	—	—	—
2 型	$h_w + h_f$	$L_w + L_f$	—	—
3 型	h_w	L_w	—	—
4 型	$h_w + h_f$	$L_w + L_f$	—	—
5 型	—	—	$h_w - h_e$	L_w
6 型	$h_w + h_f$	$L_w + L_f$	$(h_w - h_f)/2 - h_e$	$(L_w + L_f)/2$
7 型	$h_r + h_k$	$L_r + L_k$	—	—
8 型	$h_r + h_k$	$L_r + L_k$	—	—
9 型	$h_r + h_k$	$L_r + L_k$	$(h_r - h_k)/2 - h_e$	$(L_r + L_k)/2$
说明	h 为线改高差；L 为折线距离；e 为期望值；w 为往测；f 为返测；r 为双转右线；k 为双转左线。 4 型测线可分别计算往测、返测闭环差，8 型测线可分别计算右环、左环闭环差。			

例如：已知一等水准闭合差限差的等级常数 M 为 2 mm，计算某闭合环线的闭合差 U 为 5 mm，累计其折线距离 L_u 为 4 km（参与计算时舍弃 km 单位），代入不等式有 5 mm＞2Sqr(4)=4 mm，判定该闭合环线不合格，需检查原始数据及计算过程，再重新测量此测线，采用新数据再次评定其合格性。

（2）采用偶然中误差、全中误差判断测线与测网的合格性

依据各种水准测量规范，各类水准测线在闭合改正前须用偶然中误差判断重复测线的合格性（1、3、5 型测线无法计算偶然中误差）；在闭合改正后须用全中误差判断水准网的整体合格性。依据实际工作与智能水准软件开发经验，按研究对象与

加权方式的不同，作者将中误差细分为五种类型，详见表 9-9。

表 9-9 水准测量的中误差分类

序号	研究对象	中误差的名称	备注
1	往返或双转测的单条测线	偶然中误差	重复测（已按每千米加权）
2	水准网联测，用距离加权	全中误差	网平差（已按每千米加权）
3	水准网联测，用测站等加权	单位权中误差	网平差（可按特定值加权）
4	测网中一个点的高程	点的中误差	网平差的附加成果
5	测网中一条边的高差	边的中误差	网平差的附加成果

前文已介绍了偶然中误差、全中误差的公式及其限差，水准测量规范也主要依据这两个参数判断测线或测网的合格性，超出限差的即为不合格，需重新测量。有关网平差的知识较多，将在下一章中详细介绍。

单位权中误差、点的中误差、边的中误差三个参数都是水准网进行网平差后的成果，可对测网、某个点、某条边的精度进行综合分析，三个参数的详细计算公式不在此单独列出，用到时请参考前文与下一章内容。

在对测绘成果进行验收时，不仅需要进行合格性判定，还需要对每项测绘成果进行评分评级，有关如何根据测量精度进行评分评级的内容，详见第 14 章。

习　题

第一题：水准测量成果精度评定的参考基准值通常采用（　　）。[单选]

　　A.真值　　　　　　　　　　　　　　B.理论值

　　C.期望值　　　　　　　　　　　　　D.线改高差

第二题：误差按影响性质可分为三种类型，其中不包括（　　）。[单选]

　　A.系统误差　　　　　　　　　　　　B.真误差

　　C.偶然误差　　　　　　　　　　　　D.粗差

第三题：水准测量的闭合差与闭合改正值的关系是（　　）。[单选]

　　A.相等　　　　　　　　　　　　　　B.闭合差较大

　　C.闭合差较小　　　　　　　　　　　D.符号相反

第四题：水准测量判断某往返附合测线的合格性，通常采用（　　）参数。[单选]

　　A.中误差　　　　　　　　　　　　　B.偶然中误差

　　C.全中误差　　　　　　　　　　　　D.边的中误差

第五题：可采用（　　　）判断水准网的合格性。[单选]

  A.高差不符值   B.闭合差

  C.偶然中误差   D.全中误差

第六题：简述水准测量各类改正的正确顺序（最少叙述五大类）。

第七题：简述如何判断水准测线的合格性。

第八题：简述全中误差的定义，并写出相关公式。

第10章 水准测量的闭合改正

水准测量精度受仪器精密程度与观测者分辨能力的限制，还受到外界环境因素的影响，观测成果中含有一定范围内的误差是不可避免的。前文已经介绍了误差的种类与精度的判定参数，水准测线进行各项内部改正后的高差（线改高差）与期望高差间还存在一定的闭合差，我们还需针对闭合差进行改正，将其按一定规则加权分配至各测点中。

10.1 闭合改正简介

10.1.1 最简单的闭合改正示例

我们先举一个最简单的例子（图 10-1），假定已知起算点 G 的高程值为 100 m，用单向闭合环线（3 型）顺时针进行水准测量；$G \rightarrow D$ 间有两个测站，$D \rightarrow G$ 间有一个测站（实际工作中需采用偶数站）；经测线各项内部改正后，$G \rightarrow D$ 的高差为 5 mm，$D \rightarrow G$ 的高差为-2 mm；求待测点 D 的高程？用此示例说明为什么、如何进行闭合改正。

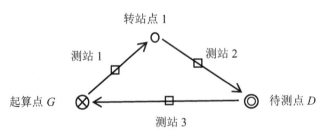

图 10-1 最简单的闭合环线示意图

由图10-1可知，按$G \rightarrow D$直接计算D点的高程值为100+0.005=100.005 (m)；按$D \rightarrow G$直接计算D点的高程值为100-(-0.002)=100.002 (m)；两种方法计算的高程值有3 mm的误差；显然其算数平均高程值为100.0035 m。此闭合环线的闭合差为5+(-2)=3 (mm)，此闭合环线共有3个测站，我们暂时按测站数将闭合差取负值加权分配至各测点，每测站需分配(-3)/3=-1 (mm)；测站1分配-1 mm，测站2分配-1 mm，测站3分配-1 mm，即$D{\rightarrow}G$分配-2 mm，$G{\rightarrow}D$分配-1 mm。经闭合改正后$G{\rightarrow}D$的高差为5+(-2)=3 (mm)，$D{\rightarrow}G$的高差为(-2)+(-1)=-3 (mm)；再按$G{\rightarrow}D$计算D点的高程值为100+0.003=100.003 (m)；按$D{\rightarrow}G$计算D点的高程值为100-(-0.003)=100.003 (m)；两种方法计算的高程值都是100.003 m。经闭合改正后D点的高程值已经是期望高程，比算数平均高程要精确。

　　由上面的示例可知，水准测量成果或多或少都存在一定的闭合差，未进行闭合改正前，采用不同路径计算的高程值是不同的；进行闭合改正后，采用所有路径计算的高程值是相同的，能得到我们期望的高程值及高差值。闭合改正时，示例中将闭合环线的闭合差按测站数加权分配至各测点中，按距离等其他加权方式将在后文中逐步介绍。

10.1.2　相关名词与解释

　　【多余观测】即观测次数多于确定未知量所必须观测的次数。例如：测量三点间高差时，通过测量任意两条边间的高差，即可计算出三点间高差，这两条边观测即为必须观测；如果对三条边都进行测量，则存在一次多余观测。

　　【测量平差】（测量数据调整）是依据某种最优化原则，求未知量的最佳估值及精度的理论和方法。测量平差也就是数据改正，其核心是网平差方法的研究。

　　针对水准测量、三角网、测边网、导线网、GPS 网、坐标转换等各种测量成果，【网平差】是利用测网内多余观测引起的观测值之间的不符值，计算出未知量的最佳估值并对其结果进行精度评定。网平差不仅得到最佳估值，也能对成果进行精度评定。

　　水准测量的【闭合改正】是指将各类闭合差（附合差、闭环差、测网各边的闭合差等）取反号后加权分配至各测点得到期望值的改正方法。注意闭合差需取反号再分配。

　　在各类水准测量项目中，大多采用水准网展开水准测量，水准网内含有支线（射线）、闭合环线、附合测线等。支线（射线）无法计算闭合差，也无法进行闭合改正，因此，根据水准测线的线型或网型，水准测量的闭合改正可分为水准网的闭合改正、附合测线的闭合改正、闭合环线的闭合改正三大类。

　　【水准网平差】（水准网的闭合改正，以下简称网平差）是利用水准结点网内多余观测引起的观测值之间的不符值，进行闭合改正得到各结点期望高程及各边期望高差，并对其结果进行精度评定的方法。

　　【附合改正】（附合测线的闭合改正、路线闭合改正）是指对水准附合测线进行闭合改正得到附合测线内各待测点期望高程的方法。

【闭环改正】（闭合环线的闭合改正、环线闭合改正、环线改正）是指对水准闭合环线进行闭合改正得到环线内各待测点期望高程的方法。

在水准测量规范中，通常将附合测线的闭合改正与闭合环线的闭合改正统称为路（环）线闭合改正，很少提及网平差，实际工作中网平差具有极其重要的作用与意义。

附合改正可视为网平差的特例，当水准网仅有一条附合测线时，网平差就可简化为附合改正。闭环改正可视为附合改正的特例，当附合测线的起点与终点高程值一致时，附合改正就简化为闭环改正。也就是说，闭环改正→附合改正→网平差，复杂程度逐步增加，如果将复杂的网平差研究通透后，附合改正与闭环改正将迎刃而解。

另外还需注意，针对各项改正，还要按照相关水准测量规范，在不同的处理阶段，对水准测量成果保留固定的小数位数（简称舍位改正）。

经过闭合改正后，我们获得了各测点的期望高程及各测段的期望高差，并可再次进行精度评定，最后对测绘项目进行验收、归档。

10.1.3 闭合改正的基本流程

下面利用示例讲解闭合改正的基本流程，如图 10-2 所示，该水准网内共含有 14 个水准点，其中 1、2 点为起算点（基准点），其余 12 个点为待测点； 3、4、5 三个点为结点（至少连接三条水准测线），其他测点位于测线的内部。现在通过各项闭合改正，得到每个测段的期望高差与每个待测点的期望高程。

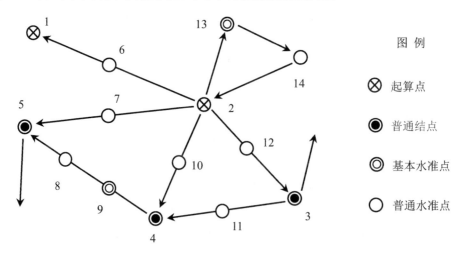

图 10-2 混合水准网示例

该水准网按照水准结点，可划分为 2→1、2→13→14、2→3、2→4、2→5、3→4、4→5 共 7 个路段；例如：路段 2→1 间有两个测段，路段 2→5 间有两个测段，路段 4→5 间有三个测段；这样划分路段有利于采用智能化水准软件进行综合处理。如果将任意两点间的测段都作为路段，按 16 个路段输入软件也是可行的，但设置、输入的工作量偏大。

该水准网有两个起算点，可统称为附合网；路段 2→1 构成独立的附合测线；路段 2→13→14 构成独立的闭合环线；测点 2、3、4、5 可构成独立的水准网，单独形成一个小型自由网（仅有一个起算点）。每个路段可以进行单向测量、往返测量或双转测量；每个路段也可采用不同的水准等级进行外业测量。

当水准外业测量成果经过线改正，得到各路段的线改高差后，就可进行闭合改正。路段 2→1 形成独立的附合测线，可对应进行附合改正，得到 6 号点的期望高程。路段 2→13→14 形成独立的闭合环线，可对应进行闭环改正，得到 13、14 点的期望高程。2、3、4、5 构成独立的结点网，进行网平差可直接得到 3、4、5 三个普通结点的期望高程；进行网平差后还需分别对各路段内部的待测点进行附合改正或闭环改正，得到各测点的期望高程。

由示例可知，网平差之后，能直接得到各结点的期望高程及精度参数；还需通过附合改正或闭环改正，得到内部待测点的高程值。因此智能化水准测量软件，应先进行整个水准网的网平差，再针对各测线进行附合改正或闭环改正。

10.1.4 闭合改正的定权因素

水准测量闭合改正的目的是求取各测线的期望高差与各测点的期望高程，主要的技术手段就是求取加权平均值，要进行加权，必须知道有哪些加权因素。

对一条路（环）线进行闭合改正时，可按距离值或按测站数定权，将闭合差加权分配至各测点中。有些教科书推荐平原区按距离值分配误差，山区按测站数分配误差；但大多水准测量规范推荐按测站数分配误差；作者也推荐按测站数分配误差，一般在智能化水准测量软件中支持这两种定权方式，供用户选择使用。

对于水准结点网，进行网平差时，可按距离值、测站数、测线精度、测线等级等因素进行综合定权，将闭合差加权分配至各测点中。与路（环）线闭合改正类似，笔者推荐网平差一般应按测站数定权。在智能化水准测量软件《水准大师》中支持六种定权方式，供用户选择使用。

注：偶然中误差与全中误差是按距离（每千米）为基准进行计算的；进行闭合

改正时，笔者建议按测站数定权，将闭合差加权分配至各测站中。

10.2 网平差

有关网平差的知识相当繁杂，本书仅简单介绍网平差的基础知识，以能够用计算软件进行水准网平差为目的，不涉及深奥的数学计算。武汉大学出版社的《误差理论与测量平差基础》一书，对网平差进行了非常详细的论述，读者深入研究时可参考阅读。

10.2.1 网平差的基本原理

网平差必须利用多余观测，通过特定的方法计算各测点的最佳估值（期望高程、期望高差等）并进行精度评定。网平差的基本原理就是最小二乘法。

1794 年，年仅 17 岁的高斯首先提出了最小二乘法（未发表）；1806 年，勒戎德乐也独立提出并发表了相关文章；因此，最小二乘法也被人们称为高斯-勒戎德乐方法。

【最小二乘法】是最佳地拟合各观测点的估计曲线，应使各观测点到拟合曲线的偏差的平方和最小。最小二乘法可标记为 $V^{\mathrm{T}}PV$ 最小，也简记 $[PVV]$ 最小，其公式表述为

$$V^{\mathrm{T}}PV = \min \qquad (10\text{-}1)$$

其中，V 代表各观测点到拟合曲线的偏差的矩阵，T 代表矩阵转置，P 代表各偏差的概率（权）的矩阵。通常需利用计算机，采用矩阵转置、矩阵乘法等数学手段得到最佳估值，同时也能得到相关精度评定参数。

最小二乘法即在观测值权与观测值改正数平方乘积之和为最小的条件下，求出观测值的改正数和平差值，并对观测值、平差值及其函数进行精度评定。

10.2.2 测量平差的发展简史

从 1794 年，高斯首先提出了"最小二乘法"，至 20 世纪 40 年代时，科学家们提出了许多"分组解算线型方程组"的方法。1947 年铁斯特拉提出了"相关平差"并逐步推广应用。20 世纪 60 年代末，出现了最小二乘滤波、推估和配置，也称为"拟合推估法"。这一阶段的相关理论一般称为"经典的最小二乘法平差"，"经典平差"是一种满秩平差问题，即平差的法方程组是满秩的，方程组有唯一解。

20 世纪 70 年代，针对非满秩平差问题的内制约平差原理，逐步形成了"秩亏自由网平差"理论。20 世纪 80 年代，通过后验定权方法研究，逐步形成了"方差—协

方差估计""整体最小二乘法"理论。其后，逐步形成了"附加系统参数的平差法""半参数估计""非参数估计""统计假设检验""数据探测法""稳健估计法""序贯平差""最小二乘配置原理"等理论与方法。该阶段主要依托计算机技术的发展，一般称为"近代平差"。

10.2.3　网平差的基本方法

网平差的根本方法有两种：条件平差与间接平差。两种平差方法，手段不同，中间过程不同，但计算成果相同，可理解为间接平差是条件平差的变形体，间接平差比较容易采用计算机软件进行处理。

【条件平差】是以条件方程为函数模型的平差方法。如果某几何模型中有 r 个多余观测，即可产生 r 个条件方程，以此为基础求解方程组，可得到最佳估值与精度等相关参数。

【间接平差】是以观测方程为函数模型的平差方法。当所选独立参数的个数等于必要观测数 t 时，可将每个观测值表达为这 t 个参数的函数，由此组成 n 个观测方程组，求解可得到最佳估值与精度等相关参数。

在条件平差与间接平差的基础上，如果增加附加条件，即可形成附有参数的条件平差与附有限制条件的间接平差，其计算过程又较上者复杂了些。

【附有参数的条件平差】是以含有附加参数的条件方程为函数模型的平差方法。如果观测值个数为 n，必要观测数为 t，则多余观测数为 $r=n-t$；如果再选出 u 个独立量为参数（而 $0<u<t$）参加平差计算，即可产生 $r+u$ 个条件方程，再求解方程组。

【附有限制条件的间接平差】是以附有限制条件的观测方程为函数模型的平差方法。如果观测值个数为 n，必要观测数为 t，则多余观测数为 $r=n-t$；当所选独立参数 u 个($u>t$)时，则参数间存在 $s=u-t$ 个限制条件；由 n 个观测方程及 s 个限制参数联合组成关系方程，求解后得到最佳估值与精度等相关参数。

前面讲的条件平差、附有参数的条件平差、间接平差、附有限制条件的间接平差，这四种平差可进行抽象概括，形成统一的能概括以上四种平差方法的函数模型，称之为"概括平差函数模型"。

条件平差、附有参数的条件平差、间接平差、附有限制条件的间接平差等四种平差方法，是基于观测数据仅含有偶然误差、函数模型和随机模型正确为前提的。一个最优的平差系统，还要保证观测数据的正确性和平差数学模型的合理性与精确性，这需要借助统计假设检验来保证平差系统质量。

10.2.4 网平差的应用

间接平差与条件平差的计算成果是一致的。间接平差的方程个数比条件平差的方程个数要多些，但每个方程更简单，较易采用计算机进行处理。间接平差的数学模型较简单，输出参数比条件平差的输出参数要多一个。因此采用计算机进行大数据量处理时，多采用间接平差。

水准网的间接平差是根据高差和高程关系建立高差观测值和高程未知数的函数关系，按照最小二乘原理求出观测值、未知数的期望值，并输出全中误差、单位权中误差、各点的中误差、各边的中误差等精度评定参数。条件平差一般无法输出各边的中误差参数。

采用软件对水准网进行间接平差前，必须已知基准点的点号、高程值；还必须输入各路段的起点号、终点号、线改高差；另需选择性输入各路段的测站数、距离值、等级、精度、往返性等加权参数。

网平差可采用多种定权方式，例如《水准大师》软件设置了六种定权方式，依次为按测站定权、按距离定权、按测站与等级综合定权、按距离与等级综合定权、按测站与精度综合定权、按距离与精度综合定权（表 10-1）。作者推荐使用按测站定权，用户可根据自身需要选择定权方式。

加权系数通常取概率值为权重。加权系数与误差成反比，与精度成正比。水准测量中选取加权系数时，测线的测站数越多其权值越小，距离越大其权值越小，偶然中误差越大其权值越小，测线的等级越高其权值越大，测线的精度越高其权值越大。

表 10-1 网平差的定权方式

序号	定权方式	解释	备注
1	按测站定权	根据测站数进行水准网平差	推荐
2	按距离定权	根据折线距离进行水准网平差	
3	按测站与等级定权	根据测站数和测线等级进行综合平差	
4	按距离与等级定权	根据折线距离和测线等级进行综合平差	
5	按测站与精度定权	根据测站数和测线精度进行综合平差	
6	按距离与精度综合定权	根据折线距离和测线精度进行综合平差	

当采用智能化水准测量软件进行网平差时，不必知晓复杂的数学知识，仅需按软件要求设置各路段的起点、终点，输入外业测量数据，点击网平差按钮后，即可自动完成各项改正，输出网平差报告，用全中误差判断水准网的总体合格性，用各点中误

差评定各待测点的精度，用各边中误差评定各测线的精度，并全面评定测量成果的精度。

10.3 附合测线的闭合改正（附合改正）

当附合测线（5、6、9 型）的起止点都是基准点时，才能计算附合差，进行附合改正。附合改正主要应用于两种情况下，一是附合测线的起止点原为起算点或基准点，无须进行网平差；二是经网平差之后，各附合测线的起止点已得到期望值（基准值）。通过附合改正可有效地提高附合测线内各水准观测点的精度。

针对图10-3所示的附合测线，已知：起点q基准高程G_q=2.0000 m；终点z基准高程G_z=5.1000 m；折线距离L=300 m（假定每测站间均为50 m）；若各测站的线改正后的高差h_1=0.6003 m，h_2=1.7502 m，h_3=-0.8204 m，h_4=0.3701 m，h_5=1.6008 m，h_6=-0.4004 m。可计算出测线的期望高差h_e=3.1000 m；测线总的线改高差为h_g=h_1+h_2+h_3+h_4+h_5+h_6=3.1006 m；其附合差为V=h_g-h_e=0.0006 m；其闭合改正值$\varDelta$=-0.0006 m，闭合改正值等于附合差取反号。直接从起点计算D_4点的高程为G_q+h_1+h_2+h_3+h_4=3.9002 m。

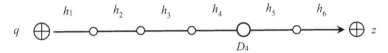

图 10-3　附合测线的示意图

（1）按折线距离进行附合改正时，需将闭合改正值按距离加权分配至各测站中，$\varDelta/L$=-0.0006/0.3=-0.002（m/km），则每千米需改正-0.002 m。至D_4点共 200 m 需改正-0.002×0.2=-0.0004（m），D_4点的期望高程为G_q+h_1+h_2+h_3+h_4+（-0.0004）=3.8998（m）。

（2）按测站数进行附合改正时，每测站的改正值为$\varDelta/6$=-0.0001 m，即每测站需要改正-0.0001 m，则闭合改正后各测站的高差为h_1=0.6002 m，h_2=1.7501 m，h_3=-0.8205 m，h_4=0.3700 m，h_5=1.6007 m，h_6=-0.4005 m。根据各测站闭合改正后的高差值，即可计算出D_4点的期望高程值为 2.0000+0.6002+1.7501+（-0.8205）+0.3700=3.8998（m）。

通过以上示例可知，当每测站的距离值都相同时，采用距离加权与测站加权，其闭合改正后的结果是一致的。当各测站的距离差距较大时，采用不同的加权方式，计算结果会有少量的差距。

如果将附合测线中各测段都看成测线（路段），把每个测段的起止点、高差、测站数等都设置好后，也可采用网平差模型计算出附合测线内各测点的期望高程等参数。

10.4 闭合环线的闭合改正（闭环改正）

任何具有闭合环线属性的测线（2、3、4、6、7、8、9 型），都能计算闭环差，也可进行闭环改正。如果附合测线（6、9 型）已进行了附合改正，且各项数据及精度合格，可省略闭环改正。进行闭环改正时，不一定要求起点的高程为基准值，起点高程未知时，也可计算出闭合改正后的各测站高差。一般建议经过网平差后，当起点的高程为基准值后再进行闭环改正，可直接得到测线内每个测点的期望高程与各测段的期望高差。通过闭环改正能有效地提高闭合环线内各水准观测点的精度。

针对图10-4所示的闭合环线，已知：起点 q 的基准高程 G_q=2.0000 m；起点至 D_4 折线长度230 m，总折线长度 L=300 m，共有6个测站。若已计算各测段的线改高差 h_1=0.6003 m，h_2=0.7502 m，h_3=-0.9204 m，h_4=0.3701 m，h_5=0.6008 m，h_6=-1.4004 m。则其闭环差为 U_4=h_g=h_1+h_2+h_3+h_4+h_5+h_6=0.0006 m，其闭合改正值 Δ=-0.0006 m，闭合改正值等于闭环差取反号。从起点直接计算 D_4 点的高程值=2.000+0.6003+0.7502+(-0.9204)+0.3701=2.8002（m）。

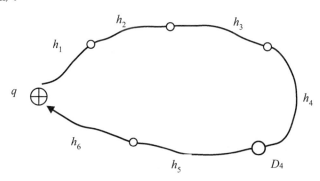

图 10-4 闭合环线的示意图

（1）按折线距离加权进行闭环改正时，需将闭合改正值按距离加权分配至各测段中，Δ/L=-0.0006/0.3=-0.002（m/km），即每千米需改正-0.002 m，起点至 D_4 点的改正值=-0.002×0.23=-0.00046（mm）≈-0.0005（m）。D_4 点的期望高程值=2.8002+(-0.0005)=2.7997（m）。

（2）按测站数加权进行闭环改正时，每测站的改正值为 $\Delta/6$=-0.0001 m，即每测站需要改正-0.0001 m，起点至 D_4 点共有 4 个测站，须改正-0.0001×4=-0.0004（m）。再计算 D_4 点的期望高程值=2.8002+（-0.0004）=2.7998（m）。

由上面的示例可知，当各测站的折线距离值不同时，如果采用不同的加权方式，并且随着小数舍位不同，则计算结果会有少量的差距。

闭环改正是附合改正的特例，闭合环线相当于起点与终点高程相同的附合测线。

10.5 闭合差的限差

一至四等水准测线闭合差的限差应不超过表 10-2 中的规定，表 10-2 的内容与表 9-1 的内容是一致的，仅表现形式不同。网平差后还需对照此表重新判断各测线（路段）闭合差的限差，分别判断各测线（路段）的合格性。

表 10-2　一至四等水准测线闭合差的限差

输出单位：毫米（mm）

序号	等级	附合测线的闭合差 V		闭合环线的闭合差 U		备注
		平原	山区	平原	山区	
1	一等	—		2Sqr(F)		
2	二等	4Sqr(L)		4Sqr(F)		
3	精密	8Sqr(L)		8Sqr(F)		
4	三等	12Sqr(L)	15Sqr(L)	12Sqr(F)	15Sqr(F)	
5	四等	20Sqr(L)	25Sqr(L)	20Sqr(F)	25Sqr(F)	

注：（1）L 为附合测线长度，单位为千米（km）；
　　（2）F 为闭合环线的长度，单位为千米（km）。

当水准网由不同等级的水准测线构成时，闭合差的限差，应按各等级测线长度及其限差分别计算，然后取其平方和的平方根为限差，参见 9.5 节内容。

当测线的闭合差（附合差与闭环差）超限时，不可进行闭合改正，应选择测线上可靠程度较小的某些测段进行重测，例如往返测高差不符值较大或观测条件较差（当日大风）时，若重测后仍然超出限差，则应重测其他测段，直至限差合格。

10.6 人为舍位改正

传统数学中，数值具有无限位数字，而在计算机计算过程中一个数值仅有固定的、有限的位数，一般情况下，这种误差不会影响计算结果，但在高精度计算时则会出现小问题，缩减小数位数误差影响的方法称为人为舍位改正。

（1）计算机进行数值计算时，由于所设计的数值是有限位数的，导致计算时部分结果只能用近似值表示。例如(Sqr(5))² 与 5 并不相等，1/3×3 与 1 并不相等，需要在设计程序代码时，调整计算步骤，使其更优化。例如可将 1/3×3 修改为 1×3/3。

（2）水准测量规范中对外业测量数据及各项改正的取位都进行了规定，作者将水准测量规范和《水准大师》软件的各阶段小数取位整理对比如表 10-3 所示。

表 10-3　水准测量的小数取位对比表

等级	往返测距离总和		测段距离中数		各测站高差		往返测高差总和		测段高差中数		水准点高程	
	规范 km	软件 m	规范 km	软件 m	规范 mm	软件 mm	规范 mm	软件 mm	规范 mm	软件 mm	规范 mm	软件 mm
一等	0.01	0.01	0.1	0.01	0.01	0.01	0.01	0.01	0.1	0.01	1	0.01
二等	0.01	0.01	0.1	0.01	0.01	0.01	0.01	0.01	0.1	0.01	1	0.01
精密	—	0.01	—	0.01	—	0.01	—	0.01	—	0.01	—	0.01
三等	0.01	0.01	0.1	0.01	0.1	0.1	0.1	0.1	1	0.01	1	0.01
四等	0.01	0.01	0.1	0.01	0.1	0.01	0.1	0.01	1	0.01	1	0.01

习　题

第一题：水准测量闭合改正通常建议采用（　　）进行加权平差。[单选]

　　A.距离值　　　　　　　　　　　B.测站数

　　C.精度值　　　　　　　　　　　D.等级值

第二题：水准测量闭合改正时，建议先进行（　　）。[单选]

　　A.网平差　　　　　　　　　　　B.线改正

　　C.附合改正　　　　　　　　　　D.闭环改正

第三题：水准网平差的基本原理是（　　）。[单选]

　　A.加权平均值　　　　　　　　　B.统计假设检验

　　C.协方差原理　　　　　　　　　D.最小二乘法

第四题：水准网平差时，不会得到（　　）参数。[单选]

　　A.全中误差　　　　　　　　　　B.点的中误差

　　C.偶然中误差　　　　　　　　　D.边的中误差

第五题：水准网平差时，计算软件多采用（　　）方法。[单选]

A.条件平差 　　　　　　　　B.最小二乘法

C.间接平差 　　　　　　　　D.加权平均值

第六题：水准测量闭合改正包括（_____、_____和_____）三大类。[多选]

A.网平差 　　　　　　　　B.线改正

C.附合改正 　　　　　　　　D.闭环改正

第七题：简述水准测量网平差的基本方法（最少叙述四大类）。

第八题：简述水准测量网平差的定权方式（最少叙述四种）。

第九题：简述二等水准测量闭合差的限差要求。

第11章 水准测量的技术设计

11.1 相关名词与解释

【测绘技术设计】指将顾客或社会对测绘成果的要求（即明示的、通常隐含的或必须履行的需求或期望）转换为测绘成果（或产品）、测绘生产过程或测绘生产体系规定的特性或规范的一组过程。测绘技术设计是制订切实可行的技术方案，保证测绘成果（或产品）符合技术标准和满足顾客要求并获得最佳的社会效益和经济效益。

【测绘技术设计文件】是为测绘成果（或产品）固有特性和生产过程或体系提供规范性依据的文件，主要包括技术设计书以及相应的技术设计更改文件，是测绘生产的主要技术依据，也是影响测绘成果（或产品）能否满足顾客要求和技术标准的关键因素。为了确保技术设计文件满足规定要求的适宜性、充分性和有效性，测绘技术的设计活动应按照策划、设计输入、设计输出、评审、验证（必要时）、审批的程序进行。

测绘技术设计分为项目设计和专业技术设计两类。

【项目技术设计】是对测绘项目进行的综合性整体设计，简称项目设计。

【专业技术设计】是对测绘专业活动的技术要求进行设计，它是在项目设计基础上按照测绘活动内容进行的具体设计，是指导测绘生产的主要技术依据，也称分项设计。

对于工作量较小的项目，可根据需要将项目设计和专业技术设计合并为项目设计。

【水准测量技术设计】主要是对水准网的基准、网形、水准网的施测等进行设计，具体分为水准测量的项目设计和水准测量的专业技术设计。工作量大的项目，可将作业区划分为几个小区，分别进行技术设计；工作量小的可将项目设计和专业技术设计合并进行。此外，如果一个项目中既有平面控制测量，又有水准测量，则这两项也可合并在一起编写技术设计。本章内容主要针对高精度水准测量技术设计而编写。

11.2 设计原则

（1）技术设计应充分考虑顾客与社会的要求，引用相应的国家、行业或地方的相关标准，重视社会效益和经济效益。

（2）技术设计要根据作业区实际情况，充分考虑作业单位自身的资源条件（如人员的技术能力和软、硬件配置情况等），选择最适宜的方案。

（3）积极采用现阶段的适宜的新技术、新方法和新工艺，提高工作效率和成果质量。

（4）认真分析和充分利用已有的测绘成果和资料（如现有的地形图、控制点标志、遥感影像等）；对于外业测量，必要时应进行实地考察，并编写踏勘报告。

（5）技术设计应参见《测绘技术设计规定》（CH/T1004—2005）相关内容。

11.3 设计过程

【设计过程】是一组将设计输入转化为设计输出的相互关联或相互作用的活动。设计过程通常由一组设计活动所构成，具体过程如表 11-1 所示。

表 11-1　测绘技术设计过程

序号	技术设计过程名称	主要内容	简单概括
1	策划	对测绘技术设计进行策划，并对整个设计过程进行控制	总体设计
2	设计输入	熟悉测绘任务书或合同的有关要求，根据测绘任务、测绘专业活动而确定适用的法律、法规，国际、国家或行业技术标准，收集测绘成果（或产品）资料，进行测区踏勘等	找依据（各类标准、规范合同书等）
3	设计输出	主要包括项目设计书、专业技术设计书以及相应的技术设计更改单的输出	给出设计书
4	设计评审	依据设计策划的安排对技术设计文件进行评审，以确保达到规定的设计目标	对设计文件评审
5	设计验证	确保技术设计文件满足输入的要求，必要时对技术设计文件进行验证	对设计文件验证
6	设计审批	为满足规定的使用要求或已知的预期用途的要求，应依据设计策划的安排对技术设计文件进行审批	依据设计目的对设计文件审批
7	设计更改	当确需更改或补充有关的技术规定时，应按照技术设计步骤"设计评审—设计验证—设计审批"的规定对更改或补充内容进行操作后，方可实施	设计文件的更改

在水准测量技术设计的过程中，最重要的是"设计输入""设计输出"和"设计评审"三个环节。需要技术负责人或总工程师对整个设计过程进行过程控制，需

要一个有经验和专业技术水平过硬的团队来完成。

11.4 设计输入

水准测量的设计输入，就是进行水准测量前期的各项准备活动，主要工作如下所示。

（1）测区踏勘

作业单位接受下达的水准测量任务或签订测量合同后，就可依据甲方及规范要求进行野外踏勘、调查测区，为编写技术设计提供依据。野外踏勘内容基本同平面控制测量内容，需实地查看地形、地物、交通、测绘标志、风土人情等内容，必要时应单独编制测区踏查报告。

（2）资料收集

根据踏勘测区掌握的情况，作业单位应收集下列资料：

①各类图件：1:1万～1:10万比例尺地形图、大地水准面起伏图、交通图等；

②各类控制点成果：包括三角点、水准点、GPS点、多普勒点及各控制点坐标系统、技术总结等有关资料；

③测区有关的地质、气象、交通、通信等方面的资料；

④城市及乡、村行政区划表。

（3）设备、器材筹备及人员组织

①筹备仪器、计算机及配套设备；

②筹备机动设备及通信设备；

③筹备施工器材，计划油料、材料的消耗；

④组建施工队伍、拟定施工人员名单及岗位；

⑤进行详细的投资预算。

11.5 编写项目技术设计书

水准测量技术设计的输出阶段必须进行项目技术设计。项目技术设计是对测绘项目进行的综合性整体设计，项目技术设计后要提供项目技术设计书。技术设计书是项目开展、最后验收的参考依据，也是实际工程开展的最低标准和要求。表 11-2 给出了项目技术设计书的概要内容。

表 11-2　项目技术设计书的概要内容

序号	内容条目	主要内容
1	概述	说明任务的来源、意义、任务量、作业范围和作业内容、行政隶属以及完成期限等任务基本情况
2	自然地理概况	①地形概况、地貌特征，居民地、道路等的分布与主要特征；②地形类别、海拔高度、气候特征、风雨季节；③测区需要说明的其他情况
3	已有资料情况	①已有资料的数量、形式、质量情况等；②说明已有资料利用的可能性和利用方案等
4	引用文件	所引用的标准、规范或其他技术文件
5	成果主要技术指标和规格	①成果类型及形式、坐标系统、高程基准、重力基准、时间系统、比例尺、分带、投影方法；②数据基本内容、精度以及其他技术指标
6	详细设计方案	①水准网型与埋石等；②作业的技术路线或流程；③各工序的作业方法、技术指标和要求；④生产过程中的质量控制环节和产品质量检查；⑤数据安全、备份；⑥上交和归档资料
7	进度安排	项目每个阶段的时间安排及总的时间安排
8	项目经费	根据项目的实际情况，预算出本项目的整体费用
9	附录	需进一步说明的技术要求，有关的设计附图、附表等

技术设计书的详细内容如下文所示：

（1）概述

主要说明水准测量任务的来源、目的、任务量、作业范围和作业内容、行政隶属以及完成期限等任务基本情况。

（2）作业区自然地理概况

根据水准测量任务的具体内容和特点，需要说明与测绘作业有关的作业区自然地理概况，相关内容包括：

①作业区的地形概况、地貌特征，如居民地、道路、水系、植被等要素的分布与主要特征，地形类别、海拔高度、相对高差等。

②作业区的气候情况，如气候特征、风雨季节等。

③测区需要说明的其他情况，如测区有关工程地质与水文地质的情况，以及测区经济发达状况等。

（3）已有资料情况

①收集已有资料

根据任务的需要，收集测区范围既有的水准网点、重力网点和已有的 GPS 站点资料，包括点之记、网图、成果表、技术总结等。

此外，除了上述资料之外，还需要搜集测区范围内有关的地形图、交通图及测区总体建设规划和近期发展方面的资料。若任务需要，还应搜集有关的地震、地质构造等资料。

②已有资料的分析与评价

在进行技术设计时，为了测量成果统一并节省测量费用，对测区原有的测绘资料应该充分地利用，但在技术设计前，应对其精度进行综合分析评价，并在技术设计书中说明已有资料的数量、形式、主要质量情况（包括已有资料的主要技术指标和规格等），并对已有资料利用的可能性和利用方案等可用性作出评价，必要时可进行实地勘察，以确定对原有测绘成果的利用程度。

（4）引用文件（技术设计依据）

引用文件中应说明水准测量技术设计书编写过程中所引用的标准、规范或其他技术文件。文件一经引用，便构成技术设计书设计内容的一部分。

（5）成果的主要技术指标和规格

按照规范或测量任务书确定水准测量成果的主要技术指标和规格，一般可包括成果类型及形式、高程基准、数据基本内容、数据格式、数据精度以及其他指标等。

通常，测区的高程系统，宜采用1985国家高程基准，在已有高程控制网的地区测量时，可沿用原有的高程系统；当小测区联测有困难时，也可采用假定高程系统。其他内容可根据生产项目的任务书或相关规范要求进行设计。

（6）详细设计方案

详细设计方案通常包括：①水准网型与埋石；②作业的技术路线或流程；③各工序的作业方法、技术指标和要求；④生产过程中的质量控制环节和产品质量检查；⑤数据安全、备份；⑥上交和归档资料。需描述水准网的选型、布设要求、水准点的埋设等内容；需描述仪器设备的应用条件、布置方法、操作流程、数据存储等；需描述各分项的技术要求、技术路线、工序的衔接、检查频次、质量控制等内容；需描述应上交和归档的水准测量成果（或产品）内容、要求和数量。各项内容必须符合相关技术规范的要求，充分考虑方案的合理性、经济性、先进性与实用性。

（7）进度安排

说明项目每个阶段的时间安排及总体的时间安排。进度安排要依据任务书或合同的要求、可投入的人员及仪器设备、测区地形地貌、物资供应、气候条件、交通条件等因素合理确定，要考虑到突发事件（暴雨、大风、山洪、疾病等因素），保留必要的宽余量。

（8）项目经费

根据项目的实际情况，参照相关预算标准及财务制度，预算出本项目的整体费用及分项费用。对人员费、材料费、交通费等进行详细分项，合理安排费用的支出周期。

（9）附录

分多个小节描述需进一步说明的技术要求，配齐有关的设计附图、附表、附件等。

11.6 编写专业技术设计书

专业技术设计是对测绘专业活动的技术要求进行设计，它是在项目技术设计的基础上，按照测绘活动内容进行的具体设计。对于工作量较小的项目，可根据需要将项目技术设计和专业技术设计合并为项目技术设计。专业技术设计后要提供专业技术设计书，通常应包含以下内容：

（1）概述：描述项目来源，专业测绘任务的内容、任务量、目的和完成期限，产品的交付与接收情况，测区范围与行政隶属等。

（2）作业区自然地理概况和已有资料情况：说明作业区的自然地理概况，说明已有资料的数量、形式、主要质量情况和评价，说明已有资料利用的可能性和利用方案等。

（3）引用文件：所引用的标准、规范或其他技术文件。

（4）成果的主要技术指标和规格：按照规范或测量任务书确定水准测量成果的主要技术指标和规格，一般可包括成果类型及形式、高程基准、数据基本内容、数据格式、数据精度以及其他技术指标等。

（5）设计方案：包括①软件与硬件环境；②作业的技术路线或流程；③各工序的作业方法、技术指标和要求；④生产过程中的质量控制环节和产品质量检查的主要要求；⑤数据安全、备份或其他特殊要求；⑥上交和归档成果及资料的内容和要求；⑦有关附录，包括设计附图、附表和其他有关内容。

通常如水准项目较重要或面积较大，可针对水准网的布设、水准点埋石、重力测量、外业水准测量、数据处理、检查验收等分项，进行专业技术设计。下面以水准网专业技术设计为例，讲解设计方案应描述的相关内容。

依据地形地貌、交通条件等，设计水准网的网形结构、水准路线位置及水准点密度（间距），确定水准点埋石的规格及技术参数等。水准网的图上设计应力求做到经济合理，在分析已有的水准测量资料的基础上拟定出比较合理的布设方案。如果测区的面积较大，则应先在 1:1 万～1:10 万比例尺的地形图上进行图上设计；再分区域进行详细设计。

设计水准路线应遵循以下各点：

（1）水准路线应尽量沿坡度小的道路布设，以减弱前后视折光误差的影响，尽量避免跨越河流、湖泊、沼泽等障碍物；

（2）水准路线若与高压输电线或地下电缆平行，则应使水准路线在输电线或电缆 50 m 以外布设，以避免电磁场对水准测量的影响；

（3）布设首级高程控制网时，应考虑到便于进一步加密；

（4）水准网应尽可能布设成环形网或结点网，在个别情况下，亦可布设成附合路线。水准点间的距离，一般地区为 2～4 km，城市建筑区和工业区为 1～2 km；

（5）应与国家水准点进行联测，以求得高程系统的统一；

（6）注意测区已有水准测量成果的利用。

一个水准网的设计方案是否可行，重要技术指标之一是水准点的高程中误差能否达到设计目标。为此必须对设计的水准网用每千米水准测量的偶然中误差和每千米水准测量的全中误差来进行预期精度估算。水准网的精度估算就是根据水准网的初始方案，在设计的地形图上量取两点间的高差和距离及相关设计参数，输入平差软件中进行计算预计的偶然中误差和全中误差值，判断是否合格。若合格，则继续下步的外业实施设计，若不合格，则需要对所设计的网形结构进行适当调整，再进行精度估算，直到合格为止。

11.7 设计评审

设计评审是为确定设计输出达到规定目标的适宜性、充分性和有效性所进行的活动。通过技术评审，可使评价技术设计文件满足设计输入等要求的能力，同时能够识别技术设计文件中存在的问题并提出必要的措施。要进行有效的技术评审，技术评审中应有确定的评审依据、评审目的、评审内容、评审方式以及评审人员等，其设计评审的常规内容和要求见表 11-3，共包含技术文件名称、评审负责人、评审依据等 10 项内容。

设计输入的内容为评审依据，评审内容为送审的技术设计文件或设计更改内容及其有关说明；依据评审的具体内容确定评审的方式，包括传递评审、会议评审以及有关负责人审核等；参加评审人员可以为评审负责人、与所评审的设计阶段有关的职能部门的代表，必要时邀请的有关专家等。

表 11-3　设计评审的内容和要求

设计文件名称		评审负责人	
评审依据		评审方式	
参加评审人员		评审时间	
评审目的			
评审内容			
评审意见及结论：			
备注：			

　　在技术设计的适当阶段，应依据设计策划的安排对技术设计文件进行评审，以确保达到规定的设计目标。评审通过后，为确保技术设计文件满足要求，应依据设计策划的安排，必要时需对技术设计文件进行验证。技术设计验证合理后，可对技术设计文件进行审批。

　　技术设计文件一经批准，不得随意更改。当确需要更改或补充有关的技术规定时，应按照测绘技术设计标准的规定对更改或补充内容进行评审、验证和审批后，方可实施。

习　　题

第一题：测绘技术设计过程中必须进行的过程是（　　）。［单选］

　　A.项目技术设计　　　　　　　　B.专业技术设计

　　C.分项技术设计　　　　　　　　D.项目技术总结

第二题：设计过程是一组将设计（　　）转化为设计（　　）的相互关联或相互作用的活动。［单选］

A.输入，输入   B.输入，输出

C.输出，输入   D.输出，输出

第三题：在水准测量技术设计的过程中，最重要的是哪三个环节（   ）？［多选］

A.设计验证   B.设计输入

C.设计输出   D.设计评审

第四题：简述测绘技术设计的基本原则。

第五题：简述测绘技术设计的设计过程。

第六题：简述项目技术设计的主要内容。

第七题：简述设计评审的作用。

第 12 章　水准网的布设

要保证水准测量有序地开展，在外业测量之前，完成水准技术设计后要进行有效的水准网的布设。水准测量等级不同，水准点布设的密度不同，水准点的要求和标石类型也会有不同，不管哪种等级的水准网，其布设都大致可分为水准点选点、造标、埋石。

12.1 选点与埋石

12.1.1 水准路线及选点要求

选定单个水准点前，首先选定水准路线的大致方向和位置，在水准路线的基础上根据水准测量等级及水准点的要求选定水准点。水准路线的布设参考以下几点要求：

（1）应尽量沿坡度较小、利于施测的公路、大路进行；

（2）应避开土质松软的地段和磁场甚强的地段；

（3）应避开行人、车辆来往繁多的街道和大的火车站等；

（4）应尽量避免通过大的河流、湖泊、沼泽与峡谷等障碍物；

（5）当一等水准路线通过大的岩层断裂带或地质构造不稳定的地区时，应会同地质地震有关部门，共同研究选定；

（6）三、四等水准测量应尽量避免跨越 500 m 以上的河流、湖泊、沼泽等障碍物。在选定的水准路线上，按照水准测量等级布设基岩水准点、基本水准点和普通水准点。表 12-1 给出了一、二、三、四等水准测量中水准点的类型和布设的密度要求。

选定水准点时，以下几处不适合布设水准点：

（1）易受水淹、潮湿或地下水位较高的地点；

（2）易发生土崩、滑坡、沉陷、隆起等地面局部变形的地区；

（3）土堆、河堤、冲积层河岸及土质松软与地下水位变化较大（如油井、机井附近）的地点；

（4）距铁路 50 m、距公路 30 m（特殊情况可酌情处理）以内或其他受剧烈震动的地点；

（5）不坚固或准备拆修的建筑物上；

（6）短期内将因修建而可能毁掉标石或阻碍观测的地点；

（7）地形隐蔽不便观测的地点；

（8）短期内填方的地方。

表 12-1 给出了水准点类型及水准点密度要求

水准等级	水准点类型	间距	布设要求
一、二等水准测量	基岩水准点	500 km 左右	只设于一等水准路线，在大城市和地震带附近应增设，基岩较深地区可适当放宽，每省（市、自治区）至少两座
	基本水准点	一般在 40 km 左右；经济发达地区在 20～30 km，荒漠地区可放宽至 60 km 左右	一、二等水准路线上及其交叉处；大、中城市两侧及县城附近。尽量设置在坚固岩层中
	普通水准点	一般在 4～8 km；经济发达地区在 2～4km；荒漠地区可放宽至 10 km 左右	地面稳定，利于观测和长期保存的地点；山区水准路线高程变换点附近，长度超过 300 m 的隧道两端。跨河水准测量的两岸标尺点附近
三、四等水准测量	普通水准点	一般在 4～8 km；在人口稠密、经济发达地区在 2～4km；荒漠地区及水准支线可增长至 10 km 左右。支线长度在 15 km 以内可不埋石	土质坚实、安全僻静、观测方便并利于标石长期保存的地方

水准点选取的同时绘制点之记，而后进行水准点标石（简称"水准标石"）的埋设。点之记是采用图形、文字或字母等表示点与周围地物的相对位置关系及该点自身的位置关系，图 12-1 为一点之记示例图。绘制点之记时选的 2～3 个相关点，一定要找明显地物的明显点，点的位置要唯一且点位较为明显，这样才能方便查找，如某广场的中心位置，如果该广场中心位置没有明显地物的话，这样的点便不适合作为绘制点之记的参考点。

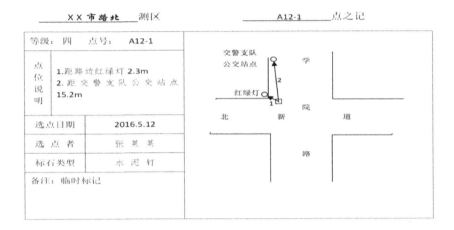

图 12-1 某点之记示例

12.1.2 水准标石

【水准标石】是用混凝土、金属或石料制成并埋于地下或露出地面、或在基岩露头上凿制，在中心镶嵌铁质或瓷质标心用以标定控制点点位的永久性标志。水准点的高程就是指嵌设在水准标石上面的水准标志顶面相对于高程基准面的高度。

水准标石根据其埋设地点、制作材料和理石规格的不同可分为 14 种标石类型，如表 12-2 所示。其中道路水准标石是埋设在道路肩部的普通水准标石。

表 12-2　水准标石的类型

序号	标石类型	适用地区
1	深层基岩水准标石	岩层距地面深度超过 3 m
2	浅层基岩水准标石	岩层距地面深度不超过 3 m
3	岩层基本水准标石	岩层出露或埋入地面不深于 1.5 m
4	混凝土柱基本水准标石	用于冻土地区，冻土深度小于 0.8 m
5	钢管基本水准标石	用于冻土地区，冻土深度大于 0.8 m
6	永冻地区钢管基本水准标石	用于永久冻土地区
7	沙漠地区混凝土柱基本水准标石	用于沙漠地区
8	岩层普通水准标石	岩层出露或埋入地面不深于 1.5 m
9	混凝土柱普通水准标石	用于冻土地区，冻土深度小于 0.8 m
10	钢管普通水准标石	用于冻土地区，冻土深度大于 0.8 m
11	永冻地区钢管普通水准标石	用于永久冻土地区
12	沙漠地区混凝土柱普通水准标石	用于沙漠地区
13	道路水准标石	水网地区或经济发达地区，设置于道路肩部
14	墙脚水准标志	坚固建筑物或坚固石崖处

水准标石的基本结构如图 12-2 所示。

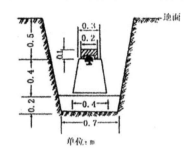
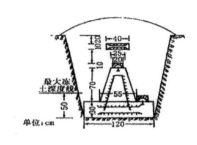

（a）混凝土普通水准标石　　　　　　　（b）基本水准标石埋设

图 12-2　水准标石的基本结构图

埋石后应上交以下资料：

（1）测量标志委托保管书；

（2）埋石后的水准点点之记及路线图、结点接测图、标石埋设关键工序照片或数据文件。

12.1.3　水准标志

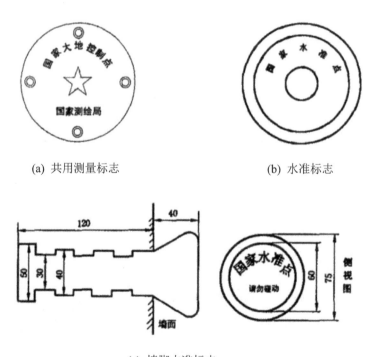

(a) 共用测量标志　　　　　　　　(b) 水准标志

(c) 墙脚水准标志

图 12-3　部分水准标志图

【水准标志】指水准标石顶面中央嵌入的半圆球，材质一般为铜或不锈钢，道路水准标志使用黄褐色的 PVC 材料制作。列入国家空间数据基础框架工程的水准点标志，为同时使用坐标、高程和重力测量的共用标志。图 12-3 给出了部分水准标志图。

特别要注意，基本水准标石等有上下两个水准点（标志），上下两个水准标志的高程都要准确测量，在水准路线测量过程中，必须按规范要求选取合适的水准标志进行观测。通常测量上标志，上标志损坏时，需测量下标志。

12.1.4　水准路线及水准点的编号

水准路线以起止地名的简称定为线名，起止地名的顺序为"起西止东、起北止南"，环线名称，取环线内最大的地名后加"环"字命名。一、二等水准路线的等级，各以Ⅰ、Ⅱ书写于线名之前表示；三、四等水准路线的等级，各以Ⅲ、Ⅳ书写于线名之前表示。

水准路线上水准点的编号按以下方式命名：

（1）自该线起始水准点起，以数字 1、2、3……顺序编定号数，环线上点号顺序取顺时针方向，点号列于线名之后。

（2）基岩水准点除按以上规定编号外，应在名号前加写地名和"基岩点"三字。

（3）基本水准点须在号后书写"基"字，上、下标分别再书以"上"和"下"字。

（4）水准支线以其所测高程点名称后加"支"字命名。支线上的水准点，按起始水准点到所测高程点方向，以数字 1、2、3……顺序编号。

（5）利用旧水准点时，可使用旧名号。若重新编定时，应在新名号后以括号注明该点埋设时的旧名号。

12.2　水准网布设原则

水准网的技术设计要遵循一定的设计原则，现给出特等、一、二、三、四等水准测量网的技术设计原则及注意事项。

（1）一等水准网宜沿道路布设，水准路线应闭合成环，并构成网状；二等水准网应在一等网内布设。

（2）一、二等水准网布设前，应进行踏勘，收集水准测量、地质、水文、气象及道路资料，在已有的一、 二、三、四等水准路线基础上进行技术设计，根据大地构造、工程地质、水文地质条件，兼顾各行业需求，优选最佳路线构成均匀网形。

（3）三、四等水准网是在一、二等水准网的基础上进一步加密，根据需要在高等级水准网内布设附和路线、环线或结点网，直接提供地形测图和各种工程建设所必需的高程控制点。

（4）单独的三等水准附合路线，长度应不超过 150 km；环线周长应不超过 200 km；同级网中结点间距离应不超过 70 km；山地等特殊困难地区可适当放宽，但不宜大于上述各指标的 1.5 倍。

（5）单独的四等水准附合路线，长度应不超过 80 km；环线周长应不超过 100 km；同级网中结点间距离应不超过 30 km；山地等特殊困难地区可适当放宽，但不宜大于上述各指标的 1.5 倍。

（6）水准路线 50 km 内的大地控制点、水文站、气象台（站）等，应根据需要列入水准路线予以连测。若连测确有困难时，可进行支测。支测的等级可根据"其他固定点"所需的高程精度和支线长度决定。若使用单位没有特殊的精度要求，则当支线长度在 20 km 以内时，按四等水准测量精度施测；支线长度在 20 km 以上时，按三等水准测量精度施测。

12.3 水准路线布设注意事项

水准路线布设时要注意新设路线与已测路线的连接问题和水准路线上重力的测量问题。

（1）新设的一、二等水准路线的起点与终点，应是已测的高等或同等级路线的基本水准点或基岩水准点。终点暂时不能与已测路线连接时，需预计将来的连接路线。

（2）新设的水准路线通过或靠近已测的一、二等水准点在 4 km 以内，距已测的三、四等水准点在 1 km 以内时，应予以连测或接测。接测时，需按"新旧路线连测或接测时的检测"规定，对已测水准点进行检测。

（3）对已测路线上水准点的接测，按新设路线和已测路线中较低等级的精度要求施测。

（4）新设水准路线与已测水准路线重合时，应尽量利用旧点。当对旧点的稳固性产生怀疑或旧点标石规格不符合要求时，应重新埋石，但对旧点必须连测。

12.4 保护与委托

水准标石预制好后，要进行埋石工作。埋石过程中应当向当地群众和干部宣传保护测量标志的法定义务和注意事项，且埋石结束后，应向当地乡、镇以上政府有关部门办理委托保管手续。表 12-3 给出了一份测量标志委托保管书。委托保管书背面印制有"中华人民共和国测绘法(部分法律条文)",任何单位和个人不得损毁或者擅自移动永久测量标志和正在使用中的临时性测量标志,不得侵占永久测量标志用地,不得在永久性测量的安全控制范围内从事危害测量标志安全和使用效能的活动,保护测量标志人人有责。

表 12-3　测量标志委托保管书

测量标志委托保管书

点　　名:_____

所在图幅:_____

标石种类:_____

标志质料:_____

完整情况:_____

托管日期:_____

设置地点:_____

点　位　略　图

　　测量标志是社会主义经济建设和国防建设的重要设施,应长期保存。各级党、政领导机关和接管部门应对群众进行宣传教育,依法保护测量标志,不得拆除和移动,并严防破坏。埋设标志占用的土地,不得作其他使用。

　　现根据《中华人民共和国测绘法》,将上述测量标志委托接管。

托管单位:_____(盖公章)_____代表:_____

地　　址:_____邮编:_____

接管单位:_____(盖公章)_____代表:_____

地　　址:_____邮编:_____

　　此保管书共三份,一份随成果上交,一份由接管单位保存,一份由测量机关呈交地方测绘管理部门。

习　题

第一题：国家一、二等水准网，基本水准标石的间距通常为（　　）。[单选]

 A.80 km   B.60 km

 C.40 km   D.30 km

第二题：单独的四等水准附合路线，长度应不超过（　　）。[单选]

 A.100 km   B.80 km

 C.50 km   D.30 km

第三题：基本水准标石有两个水准标志，通常需测量（　　）。[单选]

 A.上标志   B.下标志

 C.左标志   D.右标志

第四题：以下哪些位置不适合选定水准点（　　）？[多选]

 A.易受水淹的地方   B.准备拆修的建筑物上

 C.地形隐蔽的地方   D.位置通视且稳固的地方

第五题：简述国家水准网的布设原则是什么。

第六题：简述水准标石有哪些类型（至少描述六种）。

第七题：简述水准标石的埋设密度有什么要求。

第八题：简述选点、埋石结束后应上交什么资料。

第九题：标定水准点高程位置的固定标志分为几种？

第13章　水准的外业测量

13.1 施工准备

水准外业测量的施工准备主要包括资料准备、仪器设备准备和人员准备等内容。

13.1.1 资料准备

水准外业测量前需准备的资料主要包括地形地貌资料、技术设计书、水准点之记、水准路线图、结点接测图、测量标志委托保管书、批准征用土地文件、水准仪及水准标尺检验资料、标尺长度改正数综合表、水准观测手簿等。

水准测量技术设计书为最重要的资料，主要包含任务概述（任务来源、测区范围、任务情况）、测区概况、技术指标（作业步骤、限差及作业规定、观测程序）、水准观测（观测方式、观测的时间和气象条件、设置测站、间歇与检测、测站观测限差）等主要内容。

13.1.2 仪器设备准备

用于水准测量的仪器应为法定计量检定单位进行检定和校准，并在检定和校准的有效期内的仪器（表13-1）。

表13-1　水准测量前仪器设备准备情况一览表

序号	仪器或设备		配件	备注
1	水准仪	数字	备用电池	
		光学	测微器	高等级、高精度水准测量
2	标尺			根据水准仪类型及型号选取
3	尺垫			根据水准测量等级选择一对；双转点测量时为两对
4	经纬仪			跨河水准测量
5	全站仪			跨河水准测量
6	GPS 接收机			跨河水准测量

13.1.3 人员准备

野外测量时人员以组为单位,每组需要 4~5 人,同一个项目或者同一路线的测量过程中要求每组人员相对固定。大型水准测量时,需要多组进行协同作业。当进行野外作业时,需携带好测绘作业证。相关人员必须熟悉各自工种的技术知识,且学习技术设计的内容(表 13-2)。

表 13-2　水准测量前人员准备情况一览表

序号	人员类型	数量	备注
1	观测人员	1	必备人员
2	立尺人员	2	必备人员
3	记录人员	1	若使用数字水准仪自身存储或观测人员可以完成自己记录,可由观测人员代替
4	寻点人员	1	若水准路线较简单或水准路线已经多次测量,可由观测人员或记录人员代替
备注	当进行跨河水准测量,使用经纬仪、水准仪、GPS 接收机等仪器时,需要根据实际情况酌情增减作业人员。		

13.2 外业施工

本章以一至四等水准测量规范为主进行讲解,其他等级水准测量参照执行。

13.2.1 观测方法(表 13-3)

表 13-3　水准测量的观测方法

水准等级	往返观测	单程观测	单程双转点观测
一等	✔	—	—
二等	✔	—	—
三等	✔	—	带有光学测微器的水准仪、线条式因瓦尺
四等	支线	✔	支线

(1)进行一、二等水准测量时

同一区段的往返测,应使用同一类型的仪器和转点尺承沿同一道路进行。

在每一区段内,先连续进行所有测段的往测(或返测),随后再连续进行该区段的返测(或往测)。若区段较长,也可将区段分成 20~30 km 的几个分段,在分段内连续进行所有测段的往返观测。

同一测段的往测(或返测)与返测(或往测)应分别在上午与下午进行。在日间气温变化不大的阴天和观测条件较好时，若干里程的往返测可同在上午或下午进行。但这种里程的总站数，一等不应超过该区段总站数的20%，二等不应超过该区段总站数的30%。

（2）进行三、四等水准测量时

三、四等水准测量采用单程双转点法观测时，在每一转点处安置左右相距0.5 m的两个尺台，相应于左右两条水准路线。每一测站按规定的观测方法和操作程序，首先完成右路线的观测，而后进行左路线的观测。如图13-1所示。

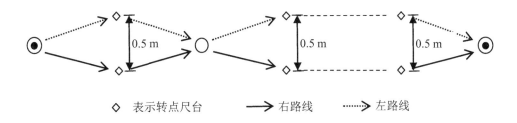

图 13-1　单程双转点法观测尺台的摆放位置示意图

13.2.2 观测的时间和气象条件

水准观测应在标尺分划线成像清晰而稳定时进行。当出现下列情况时，不应进行观测，如表 13-4 所示。

表 13-4　水准测量观测的时间和气象条件

序号	进行一、二等水准测量，不应进行观测的情况	备注
1	日出后与日落前 30 min 内	国家三、四等水准测量规范中未提及，建议参照此表执行
2	太阳中天前后各约 2 h 内（可根据地区、季节和气象情况，适当增减，最短间歇时间不少于 2 h）	
3	标尺分划线的影像跳动剧烈时	
4	气温突变时	
5	风力过大而使标尺与仪器不能稳定时	

13.2.3 设置测站

在进行水准测量过程中，转点尺承规格按表 13-5 规定执行。

表 13-5   水准测量转点尺承规格

等级	尺桩		尺台	大帽钉	总数
	质量	长度	质量		
一等	≥1.5 kg	≥0.2 m	≥5 kg	特殊地段	≥4
二等	≥1.5 kg	≥0.2 m	≥5 kg	特殊地段	≥4
三等	—	—	≥1 kg	—	—
四等	—	—	≥1 kg	—	—

在进行水准测量过程中，测站视线长度（仪器至标尺距离）、前后视距差、视线高度、数字水准仪重复测量次数按表 13-6 规定执行。

表 13-6   测站设置参数表

等级	仪器类别	视线长度		前后视距差		任一测站上前后视距差累积		视线高度		数字水准仪重复测量次数
		光学	数字	光学	数字	光学	数字	光学（下丝读数）	数字	
一等	DSZ05 DS05	≤30	≥4 且 ≤30	≤0.5	≤1.0	≤1.5	≤3.0	≥0.5	≤2.80 且 ≥0.65	≥3 次
二等	DSZ1 DS1	≤50	≥3 且 ≤50	≤1.0	≤1.5	≤3.0	≤6.0	≥0.3	≤2.80 且 ≥0.55	≥2 次
三等	DS3	≤75		≤2.0		≤5.0		三丝能读数		≥3 次
	DS1 DS05	≤100								
四等	DS3	≤100		≤3.0		≤10.0		三丝能读数		≥2 次
	DS1 DS05	≤150								
备注	下丝为近地面的视距丝。几何法数字水准仪视线高度的高端限差一、二等允许到 2.85 m。相位法数字水准仪重复测量次数可以为上表中数值减少一次。所有数字水准仪，在地面震动较大时，应暂时停止测量，直至震动消失，无法回避时应随时增加重复测量次数。									

13.2.4 测站观测顺序和方法

（1）光学水准仪观测

在进行水准测量过程中，如果使用的仪器为光学水准仪，则每测站观测顺序按

表 13-7 规定执行。

表 13-7 光学水准仪测站的观测顺序

等级	测量类型	奇数测站	偶数测站	基辅顺序
一、二等	往测	后前前后（BFFB）	前后后前（FBBF）	基基辅辅
	返测	前后后前（FBBF）	后前前后（BFFB）	基基辅辅
三等	往、返测	后前前后（BFFB）		基基辅辅
四等	往、返测	后后前前（BBFF）		基辅基辅

以一、二等水准测量往测奇数测站为例，若测站观测采用光学测微法，一个测站的操作程序如下：

①首先将仪器整平（气泡式水准仪望远镜绕垂直轴旋转时，水准气泡两端影像的分离，不得超过 1 cm，自动安平水准仪的圆气泡位于指标环中央）。

②将望远镜对准后视标尺（此时，利用标尺上圆水准器整置标尺垂直），使符合水准器两端的影像近于符合（双摆位自动安平水准仪应置于第 I 摆位）。随后用上下丝照准标尺基本分划进行视距读数。视距第四位数由测微器直接读得。然后，使符合水准器气泡准确符合，转动测微轮用楔形平分丝精确照准标尺基本分划，并读定标尺基本分划与测微器读数（读至测微器的最小刻划）。

③旋转望远镜照准前视标尺，并使符合水准器气泡两端影像准确符合（双摆位自动安平水准仪仍在第 I 摆位），用楔形平分丝精确照准标尺基本分划，并读定标尺基本分划与测微器读数，然后用上、下丝照准标尺基本分划进行视距读数。

④用微动螺旋转动望远镜，照准前视标尺的辅助分划，并使符合水准器气泡两端影像准确符合（双摆位自动安平水准仪置于第 II 摆位），用楔形平分丝精确照准并进行辅助分划与测微器的读数。

⑤旋转望远镜，照准后视标尺的辅助分划，并使符合水准器气泡的影像准确符合（双摆位自动安平水准仪仍在第 II 摆位），用楔形平分丝精确照准并进行辅助分划与测微器的读数。

（2）数字水准仪观测

在进行水准测量过程中，如果使用的仪器为数字水准仪，则每测站观测顺序按表 13-8 规定执行。

表 13-8　数字水准仪测站的观测顺序

等级	测量类型	奇数测站	偶数测站	基辅顺序
一、二等	往、返测	后前前后 （BFFB）	前后后前 （FBBF）	
三等	往、返测	后前前后 （BFFB）		
四等	往、返测	后后前前 （BBFF）		

由上文可知，规范对观测顺序的要求较烦琐，对于混合水准网，建议灵活处理。

以一、二等水准测量奇数测站为例，一个测站操作程序如下：

①首先将仪器整平（望远镜绕垂直轴旋转，圆气泡始终位于指标环中央）。

②将望远镜对准后视标尺（此时，标尺应按圆水准器整置于垂直位置），用垂直丝照准条码中央，精确调焦至条码影像清晰，按测量键。

③显示读数后，旋转望远镜照准前视标尺条码中央，精确调焦至条码影像清晰，按测量键。

④显示读数后，重新照准前视标尺，按测量键。

⑤显示读数后，旋转望远镜照准后视标尺条码中央，精确调焦至条码影像清晰，按测量键。显示测站成果。测站检核合格后再迁站。

13.2.5　间歇与检测

观测间歇时，最好在水准点上结束。否则，应在最后一测站选择两至三个坚稳可靠、光滑突出、便于放置标尺的固定点，作为间歇点。如无固定点可选，一、二等水准测量间歇前应对最后两测站的转点尺桩（用尺台作转点尺承时，可用三个带帽钉的木桩）做妥善安置，作为间歇点；三、四等水准测量，间歇前在最后两测站的转点处打入带有帽钉的木桩作间歇点。

间歇后应对间歇点进行检测，比较任意两尺承点（转点）间歇前后所测高差，若符合"测站观测限差"要求，即可由此起测；若超过限差，可变动仪器高度再检测一次，如仍超限，则应从前一水准点起测。

检测成果应在手簿中保留，但计算高差时不采用。

数字水准仪测量间歇可用建立新测段等方法检测，检测有困难时最好收测在固定点上。

13.2.6 测站观测限差与设置

（1）测站观测限差

在进行水准测量过程中，测站观测限差应按表 13-9 规定执行。

表 13-9　水准测量测站的观测限差表

单位：mm

等级	观测方法		基辅分划读数的差	基辅分划所测高差的差	单程双转点法左右路线转点差	检测间歇点高差的差
	上下丝读数平均值与中丝读数的差					
	0.5 cm刻划标尺	1 cm刻划标尺				
一	1.5	3.0	0.3	0.4	—	0.7
二	1.5	3.0	0.4	0.6	—	1.0
三	中丝读数法		2.0	3.0		3.0
	光学测微法		1.0	1.5	1.5	3.0
四	中丝读数法		3.0	5.0	4.0	5.0
备注	1. 使用双摆位自动安平水准仪观测时，不计算基辅分划读数差。 2. 对于数字水准仪，同一标尺两次读数差不设限差，两次读数所测高差的差执行基辅分划所测高差之差的限差。 3. 测站观测误差超限，在本站发现后可立即重测，若迁站后才检查发现，则应从水准点或间歇点（应经检测符合限差）起始，重新观测。					

（2）数字水准仪测段往返起始测站设置

以数字水准仪为例，测段往、返测起始测站设置的主要内容参照表 13-10 规定执行。

表 13-10　数字水准仪起始测站设置的主要内容

设置项目	内容	备注
仪器设置	测量的高程单位和记录到内存的单位为米（m）	
	最小显示位为 0.00001 m	
	设置日期格式为实时年、月、日	
	设置时间格式为实时 24 小时制	
测站限差参数设置	视距限差的高端和低端	仅一、二等需设置
	视线高限差的高端和低端	仅一、二等需设置
	前后视距差限差	
	前后视距差累积限差	
	两次读数高差之差限差	

（续表）

设置项目	内容	备注
作业设置	建立作业文件	
	建立测段名	
	选择测量模式：例如"aBFFB"	
	输入起始点参考高程	
	输入点号（点名）	
	输入其他测段信息	
通信设置	按仪器说明书操作	

13.2.7 观测中应遵守的事项

（1）观测前30 min，应将仪器置于露天阴影下，使仪器与外界气温趋于一致；设站时，应用测伞遮蔽阳光；迁站时，应罩以仪器罩。使用数字水准仪前，还应进行预热，预热不少于20次单次测量。

（2）对气泡式水准仪，观测前应测出倾斜螺旋的置平零点，并作标记，随着气温变化，应随时调整零点位置。对于自动安平水准仪的圆水准器，应严格置平。

（3）在连续各测站上安置水准仪的三脚架时，应使其中两脚与水准路线的方向平行，而第三脚轮换置于路线方向的左侧与右侧。

（4）除路线转弯处外，每一测站上仪器与前后视标尺的三个位置，应接近一条直线。

（5）不应为了增加标尺读数，而把尺桩（台）安置在壕坑中。

（6）转动仪器的倾斜螺旋和测微轮时，其最后旋转方向，均应为旋进。

（7）每一测段的往测与返测，其测站数均应为偶数。由往测转向返测时，两支标尺应互换位置，并应重新整置仪器。

（8）在高差甚大的地区，应选用长度稳定、标尺名义米长偏差和分划偶然误差较小的水准标尺作业。在高差甚大的地区进行三、四等水准测量时，应尽可能使用DS3级以上的仪器和标尺施测。

（9）对于数字水准仪，应避免望远镜直接对着太阳；尽量避免视线被遮挡，遮挡不要超过标尺在望远镜中截长的 20%；仪器只能在厂方规定的温度范围内工作；确信震动源造成的震动消失后，才能启动测量键。

13.2.8 各类高程点的观测

当观测水准点及其他固定点时，应仔细查对该点的位置、编号和名称是否与计划的点之记相符。

在水准点及其他固定点上放置标尺前，应卸下标尺底面的套环。标尺的整置位置如表 13-11 所示。

表 13-11 水准点及其他固定点上放置标尺的整置位置信息表

序号	点类型	标尺的整置位置	特殊情况
1	基岩水准标石	置于主标志上	主标志损坏时，置于副标上
2	基本水准标石	置于上标志上	上标志损坏时，置于下标志上
3	未知主、副标志高差的水准标石	测定主、副标志间的高差	观测时使用同一标尺，变换仪器高度测定两次，两次高差之差不得超过1.0 mm。高差结果取中数后列入高差表，用方括号加注
4	未知上、下标志高差的水准标石	测定上、下标志间的高差	
5	其他固定点	置于需测定高程的位置上	应在观测记录中予以说明
备注	水准点及其他固定点的观测结束后，应按原埋设情况填埋妥当，并按规定进行外部整饰。		

13.2.9 结点的观测

国家等级水准网中，观测至水准网的结点时，应在观测手簿中详细记录接测情况，结点接测图按图 13-2 执行。当结点选定或接测完成后，均应填绘水准网结点接测图，若结点与原计划的接测点不一致，应在接测情况栏内详细说明原因。

位于地面变形地区的结点，应与当地变形观测网连测。

位于变形量较大地区的结点，应由几个观测组协同作业，尽量缩短接测时间。

13.2.10 新旧路线连测或接测时的检测

新设的水准路线与已测的水准点连测或接测时，若该水准点的前后观测时间超过三个月，应进行检测。

对高等级路线的检测，按新设路线的等级进行；对低等级路线的检测，按已测路线（原水准路线）的等级进行。

检测时，应单程检测一已测测段。如单程检测超限，则应检测该测段另一单程。当一、二等水准路线与已测水准路线接测时，若高差中数仍超限，则继续往前检测，以确定稳固可靠的已测点作为连接点。当三、四等水准路线（或支线）与已测水准路线接测时，若仍超限，则继续往前检测，以确定稳固可靠的已测点作为连接点，若交叉点变动，应重测有关测段。

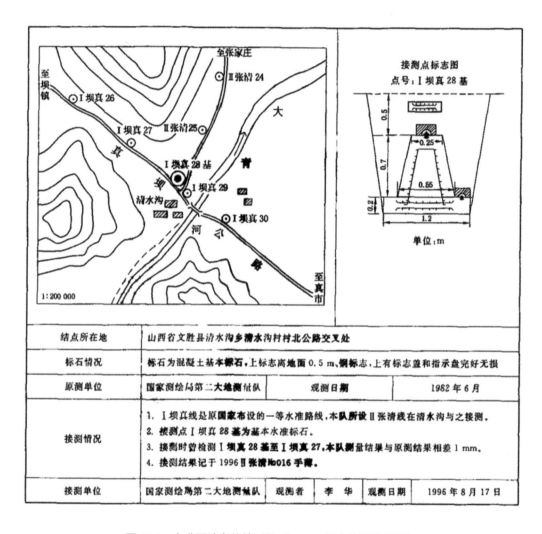

图 13-2　水准网结点的接测图（一、二等水准测量规范）

13.2.11　往返测高差不符值、环闭合差

在进行水准测量过程中，往返测高差不符值、环闭合差和检测高差之差的限差应不超过表 13-12 的规定。

表 13-12　水准测量的相关限差

等级	测段、区段、路线往返测高差不符值	测段、路线的左右路线高差不符值	闭合差		检测已测测段高差之差
			附合路线闭合差	环闭合差	
			平原	山区	
一等	$\pm1.8\sqrt{k}$	—	—	$\pm2\sqrt{F}$	$\pm3\sqrt{R}$
二等	$\pm4\sqrt{k}$	—	$\pm4\sqrt{L}$	$\pm4\sqrt{F}$	$\pm6\sqrt{R}$
三等	$\pm12\sqrt{k}$	$\pm8\sqrt{k}$	$\pm12\sqrt{L}$或$\pm12\sqrt{F}$	$\pm15\sqrt{L}$或$\pm15\sqrt{F}$	$\pm20\sqrt{R}$
四等	$\pm20\sqrt{k}$	$\pm14\sqrt{k}$	$\pm25\sqrt{L}$或$\pm25\sqrt{F}$	$\pm25\sqrt{L}$或$\pm25\sqrt{F}$	$\pm30\sqrt{R}$

注：若为一、二等水准测量，闭合差内容为附合路线闭合差和环闭合差；若为三、四等水准测量，闭合差内容为平原和山区。山区指高程超过 1000 m 或路线中最大高差超过 400 m 的地区。

k 为测段、区段或路线长度，单位为千米（km）；当测段长度小于 0.1 km 时，按 0.1 km 计算。L 为附合路线长度，单位为千米（km）。F 为环线长度，单位为千米（km）。R 为检测测段长度，单位为千米（km）。

检测已测测段高差之差的限差，对单程检测或往返检测均适用，检测测段长度小于 1 km 时，按 1 km 计算。检测测段两点间距离不宜小于 1 km。

水准环线由不同等级路线构成时，环线闭合差的限差，应按各等级路线长度及其限差分别计算，然后取其平方和的平方根为限差。

当连续若干测段的往返测高差不符值保持同一符号，且大于不符值限差的20%，则在以后各测段的观测中，除酌量缩短视线外，还应加强仪器隔热和防止尺桩（台）位移等措施。

13.2.12 成果的重测和取舍

水准测量结果，若超出规定的限差，应先就可靠程度较小的往测或返测进行整测段重测，并按下列原则取舍。

（1）若重测的高差与同方向原测高差的不符值超过往返测高差不符值的限差，但与另一单程高差的不符值不超出限差，则取用重测结果。

（2）若同方向两高差不符值未超出限差，且其中数与另一单程高差的不符值不超出限差，则取同方向中数作为该单程的高差。

（3）若（1）中的重测高差（或（2）中两同方向高差中数）与另一单程的高差

不符值超出限差，应重测另一单程。

（4）若超限测段经过两次或多次重测后，出现同向观测结果靠近而异向观测结果间不符值超限的分群现象时，如果同方向高差不符值小于限差之半，则取原测的往返高差中数作往测结果，取重测的往返高差中数作为返测结果。

（5）单程双转点观测中，测段的左右路线高差不符值超限时，可只重测一个单程单线，并与原测结果中符合限差的一个取中数采用；若重测结果与原测结果均符合限差，则取三个单线结果的中数。当重测结果与原测两个单线结果均超限时，应分析原因，再重测一个单程单线。

（6）区段、路线往返测高差不符值超限时，应就往返测高差不符值与区段（路线）不符值同符号中较大的测段进行重测，若重测后仍超出限差，则应重测其他测段。

（7）附合路线和环线闭合差超限时，应就路线上可靠程度较小（往返测高差不符值较大或观测条件较差）的某些测段进行重测，如果重测后仍超出限差，则应重测其他测段。当进行三、四等水准测量时，附合路线闭合差超限时，应分析原因重测有关测段，在高差过大等地区，宜加入重力异常改正。

（8）每千米水准测量的偶然中误差超出限差时，应分析原因，重测有关测段或路线，如不符值较大的某些测段。

（9）测段重测与原测时间超过了三个月，且重测高差与原测高差之差超过检测限差时，应按"新旧路线连测或接测时的检测"规定进行该测段两端点可靠性的检测。

13.2.13 跨河水准

（1）跨河水准的适用范围

在国家等级水准测量过程中，跨河水准测量的适用范围如表 13-13 所示。

表 13-13　跨河水准测量的适用一览表

等级	条件	视线长度	观测方法	备注
一、二等	跨越江、河	≤100 m	采用一般方法进行观测	在测站上应变换仪器高度观测两次，两次高差之差不大于1.5 mm，取用两次结果的中数
		>100 m	采用跨河水准进行观测	
三、四等	跨越江河（或湖塘、宽沟、洼地、山谷等）	≤200 m	采用一般方法进行观测	在测站上应变换一次仪器高度，观测两次。两次高差之差应不超过7 mm，取用两次结果的中数
		>200 m	采用跨河水准进行观测	

（2）跨河水准的观测方法

一、二等水准测量进行跨河水准测量时使用的方法概要及其适用的距离按表13-14规定执行。跨河距离超过表13-14规定时，采用的方法和要求，应依据测区条件进行专项设计。

表13-14　一、二等跨河水准测量使用的方法概要及其适用的距离一览表

序号	观测方法	方法概要	最长跨距
1	光学测微法	使用一台水准仪，用水平视线照准觇板标志，并读记测微器分划值，求出两岸高差	500 m
2	倾斜螺旋法	使用两台水准仪对向观测，用倾斜螺旋或气泡移动来测定水平视线上、下两标志的倾角，计算水平视线位置，求出两岸高差	1500 m
3	经纬仪倾角法	使用两台经纬仪对向观测，用垂直度盘测定水平视线上、下两标志的倾角，计算水平视线位置，求出两岸高差	3500 m
4	测距三角高程法	使用两台经纬仪对向观测，测定偏离水平视线的标志倾角；用测距仪量测距离，求出两岸高差	3500 m
5	GPS测量法	使用GPS接收机和水准仪分别测定两岸点位的大地高差和同岸点位的水准高差，求出两岸的离程异常和两岸高差	3500 m

三、四等水准测量进行跨河水准测量时测量方法和限差规定按表13-15规定执行。采用直接读尺法、光学测微法、经纬仪倾角法和测距三角高程法进行跨河水准测量时，其适用范围和观测测回数、限差规定按表13-15执行。当跨河视线长度超过表13-15规定时，采用的方法和要求，应依据测区条件进行专项设计。采用GPS测量进行跨河水准测量时，其测量方法参照规范GB/T 12897—2006的有关要求，其技术指标应不低于表13-15中经纬仪倾角法和测距三角高程法的要求。

表13-15　三、四等跨河水准测量方法和限差规定一览表

序号	方法	等级	最大视线长度/m	单测回数	半测回观测组数	测回高差互差不大于/mm
1	直接读尺法	三	300	2	—	8
		四	300	2	—	16
2	光学测微法	三	500	4	—	30s
		四	1000	4	—	50s

（续表）

序号	方法	等级	最大视线长度/m	单测回数	半测回观测组数	测回高差互差 不大于/mm
3	经纬仪倾角法、 测距三角高程法	三	2000	8	3	$24\sqrt{s}$
		四	2000	8	3	$40\sqrt{s}$
注	表中 s 为最大视线长度，单位为 km。					

（3）跨河水准观测要求

在国家等级水准测量过程中，跨河水准测量的观测要求如表 13-16 所示。

表 13-16　跨河水准测量的观测要求一览表

等级	方法	观测要求
一、 二等	光学测微法、 倾斜螺旋法、 经纬仪倾角法、 测距三角高程法	跨河水准观测宜在风力微和、气温变化较小的阴天进行，当雨后初晴和大气折射变化较大时，均不宜观测
		观测开始前 30 min，应先将仪器置于露天阴影下，使仪器与外界气温趋于一致。观测时应遮蔽阳光
		晴天观测上午应在日出后 1 h 起至太阳中天前 2 h 止；下午自中天后 2 h 起至日落前 1 h 止。但可根据地区、季节、气候等情况适当变通。阴天只要呈像清晰、稳定即可进行观测。有条件也可在夜间进行观测，日落后 1 h 起至日出前 1 h 止。时间段以地方时零点分界，零点前为初夜，零点后为深夜
		水准标尺应用尺架撑稳，并经常注意使圆水准器的气泡居中
		一测回的观测中，应采取谨慎措施（一般在对远尺调焦后，即用胶布将目镜调焦螺旋及测微器螺旋固定）确保上、下两个半测回对远尺观测的视轴不变
		仪器调岸时，标尺亦应随同调岸。当一对标尺的零点差不大时，亦可待全部测回完成一半时调岸
		一测回的观测完成后，应间歇 15~20 min，再开始下一测回的观测
		两台仪器对向观测时，应使用通信设备或约定旗语，使两岸同一测回的观测，能做到同时开始与结束
		跨河水准测量取用的全部测回数，上、下午各占一半。如有夜间观测时，白天与夜间测回数之比应接近 1.3:1
		跨河观测开始时，应对两岸的普通水准标石（或固定点）与标尺点间，进行一次往返测，作为检测标尺点有无变动的基准。每日工作开始前，均应单程检测一次，并应符合规范检测限差。如确认标尺点变动，应加固标尺点，重新进行跨河水准观测

（续表）

等级	方法	观测要求
一、二等	GPS 测量法	观测组应严格遵守调度命令，按规定的时间进行作业
		经检查接收机电源电缆和天线等连接无误后，方可开机
		观测前及观测过程中，应逐项填写测量手簿中的各项信息
		每时段开始及结束时，均应记录天气状况、实时经纬度、每测段开始与结束时间等信息
		观测中不得进行以下操作：关机重启动（排除故障除外）；改变卫星截止高度角；改变数据采样间隔；改变天线位置；按动关闭或删除文件功能键
		观测中应防止仪器受震动和移动，防止人和其他物体遮挡卫星信号
		雷电、风暴天气时，不应进行观测
		观测中应保持接收机数据记录的正常运行，每日观测结束后应及时将数据转存至数据存储器。转存数据时，不得进行删改和编辑
三、四等	所有方法	跨河水准观测宜在风力微和、气温变化较小的阴天进行，当雨后初晴和大气折射变化较大时，均不宜观测
		观测开始前 30 min，应先将仪器置于露天阴影下，使仪器与外界气温趋于一致。观测时应遮蔽阳光
		晴天观测上午应在日出后 1 h 起至太阳中天前 1.5 h 止；下午自中天后 2 h 起至日落前 30 min 止。但可根据地区、季节、气候等情况适当变通。阴天只要呈像清晰、稳定即可进行观测。有条件也可在夜间进行观测，日落后 1 h 起至日出前 1 h 止。时间段以地方时零点分界，零点前为初夜，零点后为深夜
		水准标尺应尽量扶直扶稳，不应过度倾斜或者摆动
		一测回的观测完成后，应间歇15～20 min，再开始下一测回的观测
		跨河观测开始前，应对两岸的普通水准标石（或固定点）与标尺点间，进行一次往返测，作为检测标尺点有无变动的基准。每日工作开始前，均应单程检测一次，并应符合规范检测限差。如确认标尺点变动，应加固标尺点，重新进行跨河水准观测

13.3 安全管理

13.3.1 出测前准备工作

（1）针对生产情况，对进入测区的所有作业人员进行安全意识教育和安全技能培训。

（2）了解测区有关危害因素，包括动物、植物、微生物、流行传染病、自然环境、人文地理、交通、社会治安等状况，拟定具体的安全生产措施。

（3）按规定配发劳动防护用品，根据测区具体情况添置必要的小组及个人野外救生用品、药品、通信或特殊装备，并应检查有关防护用品及装备的安全可靠性。

（4）掌握人员身体健康情况，进行必要的身体健康检查，避免作业人员进入与其身体状况不适应的地区作业。

（5）组织赴疫区、污染区和有可能散发毒性气体地区作业的人员学习防疫、防污染、防毒知识，并注射相应的疫苗和配备防污染、防毒装具。对于发生高致病的疫区，应禁止作业人员进入。

（6）所有作业人员都应该熟练使用通信、导航定位等安全保障设备，以及掌握利用地图或地物、地貌等判定方位的方法。

（7）教育所有人员外业测量时，避开高压电线、雷雨天禁止测量等注意事项。

13.3.2 行车与交通

（1）驾驶员应严格遵守《道路交通安全法》等有关法律、法规、安全操作规程和安全运行的各种要求，具备野外环境下驾驶车辆的技能，掌握所驾驶车辆的构造、技术性能、技术状况、保养或维修的基本知识或技能。

（2）驾驶员应检查各部件是否灵敏，油、水是否足够，轮胎充气是否适度，应特别注意检查传动系统、制动系统、方向系统、灯光照明等主要部件是否完好，发现故障即行检修，禁止勉强出车。

（3）在隔壁、沙漠和高原等人员稀少、条件恶劣的地区应采用双车作业、作业车辆应加固，配备适宜的轮胎，每车应有双备胎。

（4）遇有暴风骤雨、冰雹、浓雾等恶劣天气时应停止行车。视线不清时不准继续行车。

（5）在雨、雪或泥泞、冰冻地带行车时应慢速，必要时应安装防滑链，避免紧急刹车。遇陡坡时，助手或乘车人员应下车持三角木随车跟进，以备车辆下滑时抵住后轮。

（6）在高温炎热天气行车应注意检查油路、电路、水温、轮胎气压；频繁使用刹车的路段应防止刹车片温度过高，导致刹车失灵。

（7）高原山区行车特别注意油压表、气压表和温度表。气压低时应低挡行驶，少用制动，严禁滑行。遇到危险路段如落石、滑坡、塌陷等，要仔细观察，谨慎行驶。

（8）沙土地带行车应停车观察，选择行驶路线，低挡匀速行驶，避免中途停车。若沙土松软，难以通过，应事先采取铺垫等措施。

（9）收测时应对车辆进行安全检查，制订行车计划，禁止夜间行车和疲劳驾驶。

13.4 数据管理

13.4.1 记录方式与要求

（1）记录方式

水准测量的外业成果，按记录载体分为电子记录和手簿记录两种方式，应优先采用电子记录，在不适宜电子记录的特殊地区亦可采用手簿记录。电子记录可参照 CH/T 2004—1999 和 CH/T 2006—1999 执行。

（2）记录项目

1）一、二等水准测量

① 每测段的始末、工作间歇的前后及观测中气候变化时，应记录观测日期、时间（北京时间）、大气温度（仪器高度处温度）、成像、太阳方向（按太阳对于路线前进方向的 8 个方位：前方、前右、右方、右后、后方、左后、左方、前左）、道路土质、风向及风力（风向按风吹来的方向对于路线前进方向的 8 个方位：前方、前右、右方、右后、后方、左后、左方、前左记录，风力按表 13-17 要求记录）。

表 13-17　起始测站设置的主要内容信息表

风力等级	名称	地面上的动态	相当风速	
			m/s	km/s
0	无风	静，烟直上	0～0.2	0～1
1	软风	烟能表示风向，但风向标不能转动	0.3～1.5	1～5
2	轻风	人面感觉有风，树叶有微动，寻常风向标转动	1.6～3.3	6～11
3	微风	树叶及微枝摇动不息，旌旗展开	3.4～5.4	12～19
4	和风	能吹起地面的灰尘和纸张，树的小枝摇动	5.5～7.9	20～28
5	清风	有叶的小树摇摆，内陆的水面有小波	8.0～10.7	29～38
6	强风	大树枝摇摆，电线呼呼有声，举伞困难	10.8～13.8	39～49
7	疾风	全树摇动，迎风步行感觉不便	13.9～17.1	50～61
8	大风	微枝折毁，人向前行感觉阻力甚大	17.2～20.7	62～74

注：风向为风吹来的方向，例如风从东北吹来，称为东北风。

② 使用光学水准仪时，每测站应记录上、下丝在前后标尺的读数，楔形平分丝

在前后标尺基、辅分划面的读数。使用数字水准仪时，每测站应记录前后标尺距离和视线高读数。每五个测站记录一次标尺温度，读至 0.1 ℃。

2）三、四等水准测量

进行三、四等水准测量时，记录项目只包含以下内容。

①在每一测段的始末、工作间歇的前后及中间气候变化时，应记录观测日期、时间（北京时间）、天气、成像、前后视标尺号数。

②每测站应记录上、下丝和中丝（或楔形平分丝）读数。

（3）手簿记录要求

1）手工记录要求

①一切外业观测值和记事项目，应在现场直接记录。

②手簿一律用铅笔填写，记录的文字与数字力求清晰、整洁，不得潦草模糊，手簿中任何原始记录不得涂擦，对原始记录有错误的数字与文字，应仔细核对后以单线划去，在其上方填写更正的数字与文字，并在备考栏内注明原因。对作废的记录，亦用单线划去，并注明原因及重测结果记于何处。重测记录应加注"重测"二字。

③水准测量记录的小数取位按表 13-18 的规定执行。

表 13-18 水准测量记录的小数取位表

等级	往（返）测距离总和/km	测段距离中数/km	各测站高差/mm	往（返）测高差总和/mm	测段高差中数/mm	水准点高程/mm
一等	0.01	0.1	0.01	0.01	0.1	1
二等	0.01	0.1	0.01	0.01	0.1	1
三等	0.01	0.1	0.1	0.1	1	1
四等	0.01	0.1	0.1	0.1	1	1

2）电子记录要求

电子记录应参照 CH/T 2004—1999 和 CH/T 2006—1999 两个规范进行记录。

（4）观测记录的整理和检查

观测工作结束后应及时整理和检查外业观测手簿。检查手簿中所有计算是否正确、观测成果是否满足各项限差要求。确认观测成果全部符合本规范规定之后，方可进行外业计算。

13.4.2 外业计算

（1）水准测量外业应计算的内容（表13-19）

表13-19　水准测量外业应计算的内容

序号	内容
1	外业手簿的计算
2	外业高差的概略高程表的编算
3	每千米水准测量偶然中误差的计算
4	附合路线与环线闭合差的计算
5	每千米水准测量全中误差的计算

（2）外业高差和概略高程表的编算，应由两人各自独立编算一份，并核对无误。国家水准网计算水准点高程时，所测的高差应加入如表13-20所示改正：

表13-20　水准测量外业应计算的内容信息表

序号	内容	需进行改正的等级	备注
1	水准标尺长度改正	四等以上	
2	水准标尺温度改正	一、二等	
3	正常水准面不平行的改正	四等以上	
4	重力异常改正	一、二等	
5	固体潮改正	一、二等	
6	海潮负荷改正	一、二等	近海路线时计算
7	环（路）线闭合差的改正	四等以上	

（3）每完成一条水准路线的测量，应进行往返测高差不符值及每千米水准测量的偶然中误差M_Δ的计算（小于100 km或测段数不足20个路线，可纳入相邻路线一并计算），计算结果应符合"往返测高差不符值、环闭合差""每千米水准测量的偶然中误差"和"每千米水准测量的全中误差"的要求。

每千米水准测量的偶然中误差的计算公式为

$$M_\Delta = \pm \sqrt{\frac{1}{4n}\frac{\Delta^2}{R}} \qquad (13\text{-}1)$$

式中，Δ为各测段的往返测高差不符值，以mm为单位；R为各测段长度，以mm为单位；n为测段数。

（4）每完成一条附合路线或闭合环线的测量，一、二等水准测量应对观测高差施加表13-20中1、2、3、4、5项改正，三、四等水准测量应对观测高差施加表13-20

中1、3项改正，然后计算附合路线或环线的闭合差，并应符合"往返测高差不符值、环闭合差"的规定，当构成水准网的水准环超过20个时，还需按环线闭合差W计算每千米水准测量的全中误差M_W，并应符合"每千米水准测量的偶然中误差"和"每千米水准测量的全中误差"的规定。

每千米水准测量的全中误差的计算公式为

$$M_W = \pm\sqrt{\frac{1}{N}\left[\frac{w^2}{F}\right]} \qquad (13-2)$$

式中，W 为水准路线经过水准面不平行改正计算的水准环闭合差（mm）；F 为水准环线周长（mm）；N 为水准环数。

（5）外业计算取位按表 13-21 规定执行。

表 13-21　水准测量外业计算取位表

等级	往（返）测距离总和/km	测段距离中数/km	各测站高差/mm	往（返）测高差总和/mm	测段高差中数/mm	水准点高程/mm
一等	0.01	0.1	0.01	0.01	0.1	1
二等	0.01	0.1	0.01	0.01	0.1	1
三等	0.01	0.1	0.1	0.1	1	1
四等	0.01	0.1	0.1	0.1	1	1

注：此表与表 13-18 内容相同。

习　题

第一题：国家等级水准测量中，（　　）可进行单程观测。[单选]

　　A.一等水准测量　　　　　　　　B.二等水准测量

　　C.三等水准测量　　　　　　　　D.四等水准测量

第二题：一、二等水准测量过程中，（　　），不应继续观测。[多选]

　　A.日出后与日落前 1 h 内　　　　B.太阳中天前后各约 2 h 内

　　C.气温突变时　　　　　　　　　D.风力过大而使标尺与仪器不能稳定时

第三题：一、二等水准测量转点尺承中尺台的质量为（　　）。[单选]

　　A.≥10kg　　　　　　　　　　　B.≥5kg

　　C.≥2kg　　　　　　　　　　　D.≥1kg

第四题：一、二等水准测量，光学水准仪返测奇数测站的观测顺序为（　　）。[单选]

A.前后后前　　　　　　　　　B.前前后后

C.后前前后　　　　　　　　　D.后后前前

第五题：简述光学测微法一、二等水准测量往测奇数测站一个测站的操作程序。

第六题：试论述水准测量观测时应遵守的事项。

第七题：试论述水准测量成果的重测和取舍的注意事项。

第 14 章　成果的检查验收与上交

14.1 相关名词与解释

【单位成果】（Item）为实施检查与验收而划分的基本单位。水准测量以"点"或"测段"为单位。

【批成果】（Lot）是同一技术设计要求下生产的同一测区的、同一比例尺（或等级）单位成果集合。

【批量】是批成果中单位成果的数量。

【样本】（Sample）是从批成果中抽取的用于评定批成果质量的单位成果集合。

【样本量】是样本中单位成果的数量。

【全数检查】是对批成果中全部单位成果逐一进行的检查。

【抽样检查】是从批成果中抽取一定数量样本进行的检查。

【质量元素】是说明质量的定量、定性组成部分，即成果满足规定要求和使用目的的基本特性。质量元素的适用性取决于成果的内容及其成果规范，并非所有的质量元素适用于所有的成果。

【质量子元素】是质量元素的组成部分，描述质量元素的一个特定方面。

【检查项】是质量子元素的检查内容。说明质量的最小单位，质量检查和评定的最小实施对象。

【详查】是对单位成果质量要求的全部检查项进行的检查。

【概查】是对单位成果质量要求的部分检查项进行的检查。部分检查项一般指重要的、特别关注的质量要求或指标，或系统性的偏差、错误。

【错漏】（Fault）是检查项的检查结果与要求存在的差异。根据差异的程度，将其分为 A、B、C、D 四类。A 类：极重要检查项的错漏或检查项的极严重错漏；B 类：重要检查项的错漏，或检查项的严重错漏；C 类：较重要检查项的错漏或检查项的较重错漏；D 类：一般检查项的轻微错漏。

【高精度检测】指检测的技术要求高于生产的技术要求。

【同精度检测】指检测的技术要求与生产的技术要求相同。

【简单随机抽样】是从批成果中抽取样本时，使每一个单位成果都以相同概率构成样本，可采用抽签、掷骰子、查随机数表等方法抽取。

【分层随机抽样】是将批成果按作业工序或生产时间段、地形类别、作业方法等分层后，根据样本分别从各层中随机抽取 1 个或若干个单位成果组成样本。

14.2 成果的检查与验收

14.2.1 技术总结

【技术总结】是与测绘成果有直接关系的技术性总结文件，是永久保存的重要技术档案。可划分为：分项技术总结和项目技术总结。

【分项技术总结】是对单个分项工作的总结材料，例如选点、埋石、重力测量、水准外业测量、成果计算等分项，重要的分项应编制分项技术总结。分项技术总结应按专业，由各专业组长负责编写，对该分项相关的资料收集、外业工作、内业整理、质量评定等进行详细描述，并配齐相关图表。

【项目技术总结】是在所有水准测量任务完成后，对整体项目工作的总结材料。项目技术总结应由承担该项目的单位负责编写，对技术设计书、技术标准执行情况、技术方案、作业方法、技术的应用、成果数据、完成质量、技术创新和主要问题的处理等进行分析和总结，并配齐相关图表。项目技术总结需按照相关规定编写，并由单位技术负责人审核签批。

外业资料、分项技术总结和项目技术总结等组成技术成果资料，是检查与验收的审核要件。在水准测量过程中，项目组应进行专项检查，并编制分项技术总结；在水准测量结束后，项目承担单位应进行总体检查，并编制项目技术总结。当整理所有外业资料、成果资料（技术总结等）后，由项目委托方组织进行项目验收。验收合格后，将各项资料统一汇交归档。

14.2.2 检查、验收的基本规定

（1）检查、验收制度

测绘成果质量通过二级检查一级验收方式进行控制。测绘成果应依次通过测绘单位作业部门的过程检查、测绘单位质量管理部门的最终检查和项目管理单位组织的验收或委托具有资质的质量检验机构进行质量验收。其要求如下：

①测绘单位实施成果质量的过程检查和最终检查。过程检查采用全数检查。最

终检查一般采用全数检查，涉及野外检查项的可采用抽样检查，样本量按规定执行，样本以外的应实施内业全数检查。

②验收一般采用抽样检查，样本量按规定执行。质量检验机构应对样本进行详查，必要时可对样本以外的单位成果的重要检查项进行概查。

③各级检查验收工作应独立、按顺序进行，不得省略、代替或颠倒顺序。

④最终检查应审核过程检查记录，验收应审核最终检查记录。审核中发现的问题作为资料质量错漏处理。

（2）检查、验收的依据（表14-1）

表14-1　检查验收依据表

序号	内容
1	有关的法律法规
2	有关的国家标准、行业标准
3	项目的合同书、设计书、设计审批文件和委托验收文件等

（3）数学精度检测

图类单位成果需进行高程精度检测、平面位置精度检测及相对位置精度检测，检测点(边)应分布均匀、位置明显。检测点(边)数量视地物复杂程度、比例尺等具体情况确定，每幅图一般各选取20～50个。

按单位成果统计数学精度困难时，可以适当扩大统计范围。

高精度检测时，在允许中误差 2 倍以内（含 2 倍）的误差值均应参与数学精度统计，超过允许中误差 2 倍的误差视为粗差。同精度检测时，在允许中误差 $2\sqrt{2}$ 倍以内（含 $2\sqrt{2}$ 倍）的误差值均应参与数学精度统计，超过允许中误差 $2\sqrt{2}$ 倍的误差视为粗差。

检测点(边)数量小于 20 时，以误差的算术平均值代替中误差；大于等于 20 时，按中误差统计。

高精度检测时，中误差计算按式（14-1）执行：

$$M = \pm\sqrt{\left(\sum_{i=1}^{n} \Delta_i^2\right)/n} \qquad (14\text{-}1)$$

同精度检测时，中误差计算按式（14-2）执行：

$$M = \pm\sqrt{\left(\sum_{i=1}^{n} \Delta_i^2\right)/2n} \qquad (14\text{-}2)$$

式中，M 为成果中误差；n 为检测点（边）总数；Δ_i 为角差。

（4）质量等级

样本及单位成果质量采用优、良、合格和不合格四级评定。

测绘单位评定单位成果质量和批成果质量等级。验收单位根据样本质量等级核定批成果质量等级。

（5）记录及报告

检查验收记录包括质量问题及其处理记录、质量统计记录等。记录填写应及时、完整、规范、清晰，检验人员和校核人员签名后的记录禁止更改、增删。

最终检查完成后，应编写检查报告；验收工作完成后，应编写检验报告。检查报告和检验报告随测绘成果一并归档。

（6）质量问题处理

验收中发现有不符合技术标准、技术设计书或其他有关技术规定的成果时，应及时提出处理意见，交测绘单位进行改正。当问题较多或性质较重时，可将部分或全部成果退回测绘单位或部门重新处理，然后再进行验收。

经验收判为合格的批，测绘单位或部门要对验收中发现的问题进行处理，然后进行复查。经验收判为不合格的批，要将检验批全部退回测绘单位或部门进行处理，然后再次申请验收。再次验收时应重新抽样。

过程检查、最终检查中发现的质量问题应改正。过程检查、最终检查工作中，当对质量问题的判定存在分歧时，由测绘单位总工程师裁定；验收工作中，当对质量问题的判定存在分歧时，由项目委托方或项目管理单位裁定。

14.2.3 单位成果质量评定

（1）质量表征

单位成果质量水平以百分制表征。

（2）质量元素与错漏分类

单位成果质量元素及权、错漏分类按相关规定执行。根据差异的程度，将错漏分为A、B、C、D四类。

（3）权的调整原则

质量元素、质量子元素的权一般不作调整，当检验对象不是最终成果（一个或几个工序成果、某几项质量元素等）时，按本标准所列相应权的比例调整质量元素的权，调整后的成果各质量元素权之和应为1.0（100%）。

（4）质量评分方法

①数学精度评分方法

数学精度按表 14-2 的规定来用分段直线内插的方法计算质量分数；多项数学精度评分时，单项数学精度得分均大于 60 分时，取其算术平均值或加权平均值。

表 14-2　数学精度评分标准

数学精度值	质量分数
$0 \leqslant M \leqslant 1/3 \times M_0$	$S = 100$ 分
$1/3 \times M_0 < M \leqslant 1/2 \times M_0$	90 分 $\leqslant S <$ 100 分
$1/2 \times M_0 < M \leqslant 3/4 \times M_0$	75 分 $\leqslant S <$ 90 分
$3/4 \times M_0 < M \leqslant M_0$	60 分 $\leqslant S <$ 75 分

$$M = \pm\sqrt{m_1^2 + m_2^2}$$

式中，M_0 为允许中误差的绝对值；m_1 为规范或相应技术文件要求的成果中误差；m_2 为检测中误差(高精度检测时取 $m_2 = 0$)。

注 1：M 为成果中误差的绝对值；

注 2：S 为质量分数(分数值根据数学精度的绝对值所在区间进行内插)。

②成果质量错漏扣分标准

成果质量错漏扣分标准按表 14-3 执行。

表 14-3　成果质量错漏扣分标准

差错类型	扣分值
A 类	42 分
B 类	$12/t$ 分
C 类	$4/t$ 分
D 类	$1/t$ 分

注：一般情况下取 $t=1$，需要进行调整时，以困难类别为原则，按《测绘生产困难类别细则》进行调整（平均困难类别 $t=1$）。

③质量子元素评分方法

a. 数学精度：根据成果数学精度值的大小，按"数学精度评分方法"的要求评定数学精度的质量分数，即得到 S_2。

b. 其他质量子元素：首先将质量子元素得分预置为 100 分，根据"成果质量错漏扣分标准"的要求对相应质量子元素中出现的错漏逐个扣分。S_2 的值按式（14-3）计算：

$$S_2 = 100 - [a_1 \times (12/t) + a_2 \times (4/t) + a_3 \times (1/t)] \tag{14-3}$$

式中，S_2 为质量子元素得分；a_1、a_2、a_3 为质量子元素中相应的 B 类错漏、C 类错漏、D 类错漏个数；t 为扣分值调整系数。

④质量元素评分方法

采用加权平均法计算质量元素得分。S_1 的值按式（14-4）计算：

$$S_1 = \sum_{i=1}^{n} (S_{2i} \times p_i) \tag{14-4}$$

式中，S_1、S_{2i} 为质量元素、相应质量子元素得分；p_i 为相应质量子元素的权；n 为质量元素中包含的质量子元素个数。

⑤单位成果质量评分

采用加权平均法计算单位成果质量得分。S 的值按式（14-5）计算：

$$S = \sum_{i=1}^{n} (S_{1i} \times p_i) \tag{14-5}$$

式中，S、S_{1i} 为单位成果质量、质量元素得分；p_i 为相应质量元素的权；n 为单位成果中包含的质量元素个数。

（5）单位成果质量评定

①当单位成果出现以下情况之一时，即判定为不合格：

a. 单位成果中出现 A 类错漏；

b. 单位成果高程精度检测、平面位置精度检测及相对位置精度检测，任一项粗差比例超过 5%；

c. 质量子元素质量得分小于 60 分。

②根据单位成果的质量得分，质量等级评定标准为：不合格品＜60 分；合格品＜75 分；良级品＜90 分；优级品 90～100 分。

14.2.4 抽样检查程序

（1）确定样本量

根据检验批的批量按表 14-4 确定样本量。

表 14-4　批量与样本量对照表

批量	样本量	批量	样本量
1～20	3	121～140	12
21～40	5	141～160	13
41～60	7	161～180	14
61～80	9	181～200	15
81～100	10	≥201	分批次提交，批次数应最小，各批次的批量应均匀
101～120	11	注：当样本量等于或大于批量时，则全数检查。	

（2）抽取样本

①样本应分布均匀。

②水准测量以"点""测段"为单位在检验批中随机抽取样本。一般采用简单随机抽样，也可根据生产方式或时间、等级等采用分层随机抽样。

③按样本量，从批成果中提取样本，并提取单位成果的全部有关资料。下列资料按 100%提取样品原件或复印件：

a. 项目设计书、专业设计书，生产过程中的补充规定；

b. 技术总结，检查报告及检查记录；

c. 仪器检定证书和检验资料复印件；

d. 其他需要的文档资料。

（3）检验

根据测绘成果的内容与特性，分别采用详查和概查的方式进行检验。

①详查

根据各单位成果的质量元素及检查项，按有关的规范、技术标准和技术设计的要求逐个检验单位成果并统计存在的各类差错数量，按照"单位成果质量评定"的要求评定单位成果质量。

②概查

概查是指对影响成果质量的主要项目和带倾向性的问题进行的一般性检查，一般只记录 A 类、B 类错漏和普遍性问题。若概查中未发现 A 类错漏或 B 类错漏小于3 个时，判定成果概查为合格，否则，判定概查为不合格。

（4）样本质量评定

①当样本中出现不合格单位成果时，评定样本质量为不合格。

②全部单位成果合格后，根据单位成果的质量得分，按算术平均方式计算样本质量得分。

样本质量等级评定标准：不合格＜60分；合格＜75分；良＜90分；优90～100分。

（5）批质量判定

①最终检查批成果质量评定

最终检查批成果合格后，按以下原则评定批成果质量等级：

a. 优级：优良品率达到90%以上，其中优级品率达到50%以上；

b. 良级：优良品率达到80%以上，其中优级品率达到30%以上；

c. 合格：未达到上述标准的。

②批成果质量核定

验收单位根据评定的样本质量等级，核定批成果质量等级。当测绘单位未评定批成果质量等级，或验收单位评定的样本质量等级与测绘单位评定的批成果质量等级不一致时，以验收单位评定的样本质量等级作为批成果质量等级。

③批成果质量判定

生产过程中，使用未经计量检定或检定不合格的测量仪器，均判为批不合格。

当详查和概查均为合格时，判为批合格；否则，判为批不合格。若验收中只实施了详查，则只依据详查结果判定批质量。

当详查或概查中发现伪造成果现象或技术路线存在重大偏差，均判为批不合格。

14.2.5 单位成果质量元素及错漏分类

水准测量属于大地测量成果种类中的一种，计算成果质量按照大地测量计算成果要求进行评定。

（1）错漏数量确定

所列测绘成果质量错漏分类表中，未注明错漏数量的均为1处（个）。

（2）水准测量成果质量元素及权重（表14-5）

表14-5 水准测量成果质量元素及权重表

质量元素	权重	质量子元素	权重	检查项
数据质量	0.50	数学精度	0.30	1.每千米偶然中误差的符合性 2.每千米全中误差的符合性
		观测质量	0.40	1.测段、区段、路线闭合差的符合性 2.仪器检验项目的齐全性，检验方法的正确性 3.测站观测误差的符合性 4.对已有水准点和水准路线联测和接测方法的正确性 5.观测和检测方法的正确性 6.观测条件选择的正确、合理性 7.成果取舍和重测的正确、合理性 8.记簿计算正确性、注记的完整性和数字记录、划改的规范性
		计算质量	0.30	1.环闭合差的符合性 2.外业验算项目的齐全性，验算方法的正确性 3.已知水准点选取的合理性和起始数据的正确性
点位质量	0.30	选点质量	0.50	1.水准路线布设及点位密度的合理性 2.路线图绘制的正确性 3.点位选择的合理性 4.点之记内容的齐全、正确性
		埋石质量	0.50	1.标石类型的正确性 2.标石埋设规格的规范性 3.托管手续内容的齐全、正确性

（续表）

质量元素	权重	质量子元素	权重	检查项
资料质量	0.20	整饰质量	0.30	1.观测、计算资料整饰的规整性 2.成果资料整饰的规整性 3.技术总结整饰的规整性 4.检查报告整饰的规整性
		全面性	0.70	1.技术总结内容的齐全性和完整性 2.检查报告内容的齐全性和完整性 3.上交资料的齐全性和完整性

（3）水准测量成果质量错漏分类（表14-6）

表14-6　水准测量成果质量错漏分类表

质量元素	A类	B类	C类	D类
数学精度	1.每千米全中误差超限 2.每千米偶然中误差超限 3.其他重要精度指标超限			
观测质量	1.测段、区段、路线高差不符值超限 2.原始记录中连环涂改或划改"毫米" 3.上、下午重站数比例严重超限 4.接测点未按要求进行检测 5.未按要求现测 6.闭合差超限 7.其他严重的错漏	1.成果取舍、重测不合理 2.仪器、标尺测前、测后和过程检验次要技术指标超限 3.仪器检验项目缺项 4.上、下午重站数比例轻微超限 5.仪器、标尺测前、测后和过程未按要求进行检验 6.其他较重的错漏	1.原始数据划改不规范 2.对结果影响较小的计算错误 3.原始观测记录中的注记错误 4.观测条件掌握不严，不符合规定 5.其他一般的错漏	其他轻微的错漏
计算质量	1.改正项目不全 2.验算方法不正确 3.对结果影响达cm级的计算错误 4.观测成果采用不正确 5.环线闭合差超限 6.其他严重的错漏	1.外业验算项目缺项 2.对结果影响达mm级的计算错误 3.其他较重的错漏	1.数字修约不规范 2.其他一般的错漏	其他轻微的错漏
选点质量	1.点位地质、地理条件极差，极不利于保护、稳定和观测 2.其他严重的错漏	1.点位地理、地质条件不利于保护、稳定和观测 2.漏绘点之记或点之记重要内容错漏造成无法使用 3.点位密度不合理 4.其他较重的错漏	1.水准路线图、水准路线结点、接测图错漏 2.点之记中一般项目内容错误或缺项 3.其他一般的错漏	其他轻微的错漏
埋石质量	1.标石规格极不符合规定 2.标石严重倾斜 3.标志严重不符合规定 4.现场浇注标石未使用模具(非岩石类) 5.其他严重的错漏	1.标石规格不符合规定 2.标石倾斜较大 3.标志不符合规定 4.标石埋设或浇注深度不符合要求 5.没有点位托管手续或托管手续不完备 6.其他较重的错漏	1.标石外部整饰不规范 2.指示盘或指示碑不规整 3.标石规格或浇注不规范，标石略有倾斜 4.其他一般的错漏	其他轻微的错漏

（续表）

质量元素	A 类	B 类	C 类	D 类
整饰质量	1.成果资料文字、数字错漏较多，给成果使用造成严重影响 2.其他严重的错漏	1.成果资料重要文字、数字错漏 2.成果文档资料归类、装订不规整 3.其他较重的错漏	1.成果资料装订及编号错漏 2.成果资料次要文字、数字错漏 3.其他一般的错漏	其他轻微的错漏
完整性	1.缺主要成果资料 2.其他严重的错漏	1.缺成果附件资料 2.缺技术总结或检查报告 3.上交资料缺项 4.其他较重的错漏	1.无成果资料清单，或成果资料清单不完整 2.技术总结、检查报告内容不全 3.其他一般的错漏	其他轻微的错漏

（4）大地测量计算成果质量元素及权重（表14-7）

表14-7　大地测量计算成果质量元素及权重表

质量元素	权重	质量子元素	权重	检查项
成果正确性	0.70	数学模型	0.30	1.采用基准的正确性 2.平差方案及计算方法的正确、完备性 3.平差图形选择的合理性 4.计算、改算、平差、统计软件功能的完备性
		计算正确性	0.70	1.外业观测数据取舍的合理、正确性 2.仪器常数及检定系数选用的正确性 3.相邻测区成果处理的合理性 4.计量单位、小数取舍的正确性 5.起算数据、仪器检验参数、气象参数选用的正确性 6.计算图、表编制的合理性 7.各项计算的正确性
成果完整性	0.30	整饰质量	0.30	1.各种计算资料的规整性 2.成果资料的规整性 3.技术总结的规整性 4.检查报告的规整性
		资料完整性	0.70	1.成果表编辑或抄录的正确、全面性 2.技术总结或计算说明内容的全面性 3.精度统计资料的完整性 4.上交成果资料的齐全性

（5）大地测量计算成果质量错漏分类（表 14-8）

表 14-8 大地测量计算成果质量错漏分类表

质量元素	A 类	B 类	C 类	D 类
数学模型	1.计算方法、公式错误 2.采用基准或起算数据错误			
计算正确性	1.计算精度低，变形较大 2.原始资料采用不正确 3.严重的计算错误 4.其他严重的错漏	1.平差图形或资料的选用不合理 2.接边处理不合理 3.对结果影响较小的计算错误 4.其他较重的错漏	1.数字修约不规范 2.其他一般的错漏	其他轻微的错漏
整饰质量	1.成果资料文字、数字错漏较多，给成果使用造成严重影响 2.其他严重的错漏	1.成果资料重要文字、数字错漏 2.成果文档资料归类、装订不规整 3.成果表中点名错漏 4.其他较重的错漏	1.资料装订及编号错漏 2.成果资料次要文字、数字错漏 3.成果表中控制点精度等级或图幅注记错漏 4.其他一般的错漏	其他轻微的错漏
资料完整性	1.缺主要成果资料 2.其他严重的错漏	1.成果附件资料缺失 2.计算说明原则性错误 3.缺技术总结或检查报告 4.其他较重的错漏	1.无成果资料清单，或成果资料清单不完整 2.技术总结、检查报告内容不全 3.其他一般的错漏	其他轻微的错漏

14.2.6 检验报告的主要内容

（1）检验工作概况

检验的基本情况，包括检验时间、检验地点、检验方式、检验人员、检验的软硬件设备等。

（2）受检成果概况

简述成果生产基本情况，包括来源、测区位置、生产单位、单位资质等级、生产日期、生产方式、成果形式、批量等。

（3）检验依据

列出全部检验依据。

（4）抽样情况

包括抽样依据、抽样方法、样本数量等。若为计数抽样，应列出抽样方案。

（5）检验内容及方法

阐述成果的各个检验参数及检验方法。

（6）主要质量问题及处理

按检验参数，分别叙述成果中存在的主要质量问题，并举例（图幅号、点号等）说明；质量问题处理结果。

（7）质量统计及质量综述

①按检验参数分别对成果质量进行综合叙述（不含检验结论）；

②样本质量统计：检查项及差错数量和错误率、样本得分、样本质量评定；

③其他意见或建议。若无意见或建议，可不列本条。

（8）附件（附图、附表）

若无附件，可不列本条。

14.3 成果的归档与上交

各类成果资料经检查合格、准予验收后，需归档上交的资料范围如表14-9所示。经过检查验收后的水准测量成果，应按路线进行清点整理、装订成册、编制目录、开列清单。将技术设计书、外业测量记录、计算成果、图件、技术总结、检查报告、验收报告等汇总后，统一上交资料管理部门，作为长期档案保存。一些重要测绘数据及档案目录等，还要按照我国测绘管理部门的要求，定期汇交给省级测绘资料管理机构。

表 14-9 水准测量归档上交资料一览表

序号	上交资料的范围
1	技术设计书
2	水准点之记的纸质文件及其数字化后的电子文本
3	水准路线图、结点接测图及其数字化后的电子文本
4	测量标志委托保管书（2份）
5	水准仪、水准标尺检验资料及标尺长度改正数综合表
6	重力测量资料、水准观测手簿、光盘等能长期保存的电子介质等
7	水准测量外业高差及概略高程表（2份）
8	外业高差各项改正数计算资料
9	技术总结（文字材料、计算成果、图件等）
10	检查报告与验收报告

习　题

第一题：测绘成果资料的最终检查应由（　　）负责。［单选］

    A.作业部门负责人　　　　　　　　B.作业部门技术负责人

    C.项目承担单位的质量管理部门　　D.业主或其委托单位

第二题：测绘成果资料的验收应由（　　）负责。［单选］

    A.测绘作业部门　　　　　　　　　B.市级测绘管理部门

    C.项目承担单位　　　　　　　　　D.业主或其委托单位

第三题：测绘成果出现"A类错漏"应判定为（　　）。［单选］

    A.良级品　　　　　　　　　　　　B.合格品

    C.不合格品　　　　　　　　　　　D.还需依据其他情况评分

第四题：简述两级检查、一级验收制度。

第五题：简述检查、验收报告的主要内容。

第六题：简述水准测量归档上交资料的范围。

第七题：简述单位产品质量等级的划分标准。

第 15 章 《水准大师》软件简介

15.1 软件简介

《水准大师》是一款智能化、高精度、全集成的水准测量工具软件，开创性地集成了10项改正与网平差，支持多种操作平台，适用于各等级水准的高差与高程测量。

软件运行于 Windows 10 操作系统下，广泛应用台式电脑、便携电脑、平板电脑、智能手机等设备上，可鼠标、键盘操作，并支持触屏输入及操作。

根据各种水准测量规范，结合工程水准测量的实际，软件中将水准等级从高到低依次分为特等、一等、二等、精密、三等、四等、五等、六等、七等、八等共 10 个等级。参照各种水准测量规范补充完善了六至八等水准测量的精度指标。

软件包括项目管理、仪器检测、标尺检测、外业输入、内业计算、分组合并、数据输出等各项功能，集成了10项水准改正及网平差模块，处理精度最高可达0.1 mm以上。

软件已经过上级主管部门验收，评定为国际先进水平。经过多个项目的检查校核，各项计算方法、改正成果符合相关规范要求。

15.2 软件的用途

软件主要应用于高精度的地面沉降监测、建筑变形测量、国家所有等级高程控制网、地方所有等级高程控制网、高铁等精密工程水准测量及常规建筑工程的水准测量、仪器与标尺的检测等，适用于所有等级的水准测量工程。

15.3 软件的特点

（1）简单直观：软件界面简单直观，左边栏为可伸缩的常用菜单，点击即可进入各模块；操作界面清晰明了，提示齐全，自上而下操作输入，极易上手。

（2）触屏缩放：软件独立开发了智能触屏输入模块、三级缩放模块，支持明暗两种色调，完美适用于移动平板外业输入及台式电脑内业管理等应用场景。

（3）智能人性化：软件用户不必具备高深的水准测量理论与知识，软件逐项指导用户按流程输入、智能计算、系统管理各项数据。

（4）高精度：软件计算取位精度为 0.01 mm，按最高等级水准测量并进行各项改正后，最高测量精度可达 0.05～0.1 mm，适用于所有等级的水准测量工程。

（5）系统完备：软件包含项目管理、标尺校验、i 角计算、测点管理、路线管理、路段管理、外业测量、内业计算、各项改正、测网平差、分组合并、数据输出等模块。

（6）科学严谨：软件以最新的国家规范为基础，整合了各项水准参数，包含了 12 项相关改正与网平差，并经逐项测试对比，符合各项规范要求。

（7）支持倒尺测量：在特殊的测量环境下，无法正常测量时，可采用倒尺测量，其水准尺的读数记为负值，再通过智能计算，得到测段的真实高差与高程值。

15.4 软件操作的流程

软件操作的主线流程包括数据库准备→项目管理→仪器检测→标尺检测→起算点管理→待测点管理→路线管理→路段管理→ i 角检测→外业测量→内业计算→分组合并→测网平差→数据输出等。详细的操作流程如表 15-1 所示。

表 15-1　水准测量的操作流程

序号	步骤	主要工作	备注
1	准备资料	收集周围水准点的高程数据及地形资料等	前期准备
2	编制项目设计	按甲方意见与实际情况编制施工组织设计书	
3	项目设计评审	由甲方组织设计评审	
4	学习项目设计	开会学习，统一思想及工作方法	
5	施工前准备	准备人员、仪器、物资等，规划人员分组	
6	设置数据库文件	起始界面中设置存盘文件，每组一个文件	设置项目参数
7	设置项目信息	在项目管理界面设置项目的相关信息	
8	设置常用字典	项目管理→字典管理，修改项目人员等信息	
9	水准仪检测	检测仪器 i 角等，仪器不合格须返检维修	
10	检测水准尺	检测尺加、尺乘等参数，不合格返检维修	
11	进行人员分组	项目较大时，按多个测量小组分区测量	变更调整
12	网型详细设计	踏查，详细设计路线与路段的分布及测点	

（续表）

序号	步骤	主要工作	备注
13	设置起算点	设置起算点的位置、重力、高程等数据	设置基础数据
14	设置待测点	设置待测点的点号、位置及重力等数据	
15	设置各路线	设置各路线的编号、起止点等信息	
16	设置各路段	设置各路段的编号、起止点、性质等信息	
17	按期检测 i 角	每天或按期进行水准仪的 i 角检测	外业测量
18	路段外业测量	逐站进行外业测量，将数据存入数据库	
19	路段数据检查	检查路段的精度参数，不合格须返工重测	
20	定期检查存档	养成每天进行检查存档的习惯	
21	按路段进行整理	完成全部外业后，进行全路段整理	内业处理数据
22	准备网平差	剔除不合格的路段，进入网平差模块	
23	数据分组合并	合并各小组的路段成果数据，导入内存中	
24	执行网平差	选择加权方式进行测网平差（间接平差）	
25	输出平差报告	将平差报告保存为 txt 文档	
26	回写起止点高程	将起止点的高程及精度等回写至数据库	
27	检查待测点表	检查测点的合格性，排除异常测点	
28	再次路段整理	如路段内部有待测点，须再整理路段	检查整理
29	检查路段精度	如路段内部有待测点，须再检查精度	
30	待测点整理	如路段内部有待测点，须再执行整理	
31	输出测点报告	在待测点模块内，将数据输出为 txt 文档	输出数据
32	输出测线报告	输出本期的路线与路段数据，存为 txt 文档	
33	保存本期成果	保存本期的数据库及相关的 txt 文档等	
34	形成下期文件	多期测量时，准备下期数据库（复制改名）	多期测量
35	清理上期数据	多期测量时，删除无用信息，保留有用信息	
36	开展本期次测量	多期测量时，循环执行 7～33 项步骤	
37	整理多期次数据	多期测量时，统筹整理数据	
38	编制项目报告	分析各期次数据，编制项目报告	报告编制归档
39	验收项目报告	由业主组织验收各项资料与报告	
40	项目资料归档	将数据库、txt 文档、报告等资料归档	
说明	操作中要灵活运用各功能模块；严禁输入虚假数据与人为修改数据。		

注意：软件操作的主旨是自上而下、自左至右，请多留意提示信息。内业计算时，须留意判断各项数据的精度。如果某项数据不合格，必须作废并排除不合格数

据；再返回前面的流程，重复操作相关的步骤，直至取得合格的数据。

　　准测量工作的主要工作流程如图 15-1 所示。

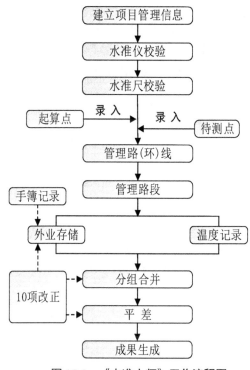

图 15-1 　《水准大师》工作流程图

15.5 软件主要功能界面

（1）登录界面（图 15-2）

《水准大师》的数据文件存储在特定的目录中，用户不可修改存储位置。每个项目组每期测量存储一个数据文件，数据文件名前部为项目前缀，后部为顺序号，同期的多个分组建议顺序编号，不同期次的数据编号应可明显识别。软件升级或进行下期测量前，必须将数据文件拷贝至其他位置，另行备份。软件界面支持深浅两种色调，亮色调较适合外业输入，暗色调更适合内业管理。

图 15-2 《水准大师》软件登录界面

（2）项目管理（图 15-3）

软件的主菜单位于左边栏，点击后可自动伸缩，自上而下排列各功能按钮。软件操作的主线是自上而下、自左至右。监测期次与分组编号是网平差中分组合并数据的依据，须仔细按实际情况设置。仪器的最高等级必须如实设置，设置结果将影响相关改正值。

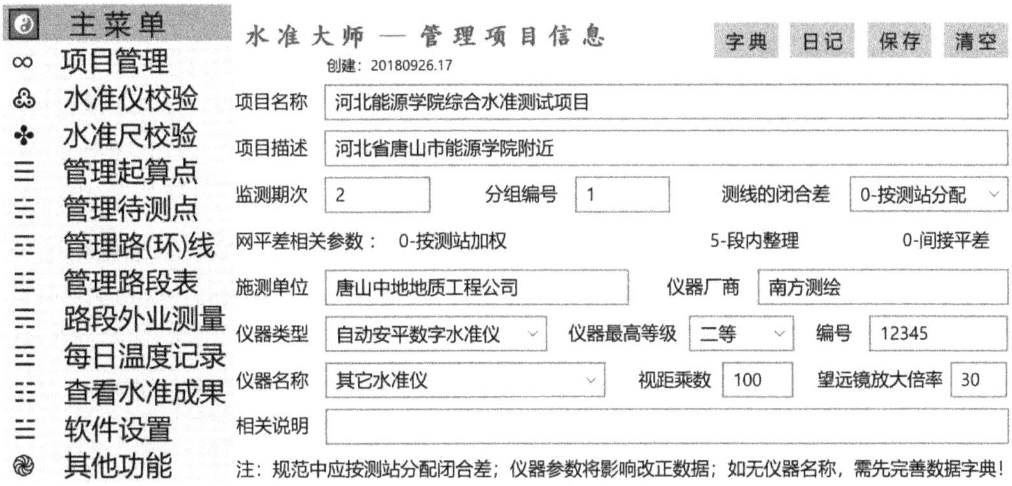

图 15-3 《水准大师》项目管理界面

（3）设置数据字典（图 15-4）

数据字典中主要修改水准测量人员等信息，常用字典不建议随意修改。

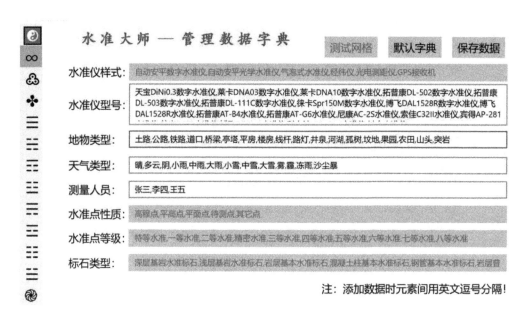

图 15-4 《水准大师》数据字典界面

（4）进行 *i* 角校验（图 15-5）

水准仪 *i* 角校验有三种方法，任选一种即可。界面表格下面的文字为对应方法的操作简介，室外测量时可根据简介进行操作。

水准大师 — 水准仪 *i* 角校验　平均*i*角: 4.0426　锁定　帮助

查看前期数据 20180927.100551 | 方法三: A1B2 | 新的校验 | 计算数据 | 保存数据

次序	A远距	B近距	A尺读数a1	B尺读数b1	A尺读数a2	B尺读数b2	i角
▪ D01	47.14	6.33	1.33160	1.15690	1.45900	1.28420	0.5
▪ D02	47.14	6.33	1.33130	1.15680	1.45960	1.28390	6.0
▪ D03	47.14	6.33	1.33120	1.15640	1.45930	1.28380	3.5
▪ D04	47.14	6.33	1.33100	1.15700	1.45870	1.28360	5.5
▪ D05	47.14	6.33	1.33130	1.15650	1.45930	1.28360	4.5

校验方法三（A1B2）：直线上依次布设A标尺、测站1（位于AB中点）、B标尺、测站2（B尺外5~7米）。
远距是测站2到A尺的距离（约40~50m）；近距是测站2到B尺的距离（约5~7m）。高等级 *i* 角15秒为合格。
输入数据单位为米（m）。远距与近距两列数据，可仅输入第一行，其余各行在计算时自动按上部内容填充。
高等级水准先在测站1测量a1及b1四次（光学）或五次（数字），再在测站2测量a2及b2四次（光学）或五次（数字）。

图 15-5 《水准大师》软件 *i* 角校验界面

（5）水准尺校验（图 15-6）

水准尺校验需如实填写一对水准标尺的基础参数信息，包含三种标尺类型，分别为普通尺、线条因瓦尺、条码因瓦尺。在实际工作中标尺类型固定后不允许修改。

图 15-6 《水准大师》软件水准尺校验界面

（6）水准尺不等差计算（图 15-7）

一对标尺零点不等差指两个标尺在相同高程的情况下，标尺零点位置的差值，可有效避免一对标尺自身零点位置不一致引起的系统误差。

图 15-7 《水准大师》软件水准尺不等差计算界面

（7）水准尺名义米长计算（图 15-8）

水准尺名义米长指标尺的真实米长与理论米长之间的差值。可有效地避免标尺自身长度发生改变引起的系统误差，条码式因瓦尺不需实测。

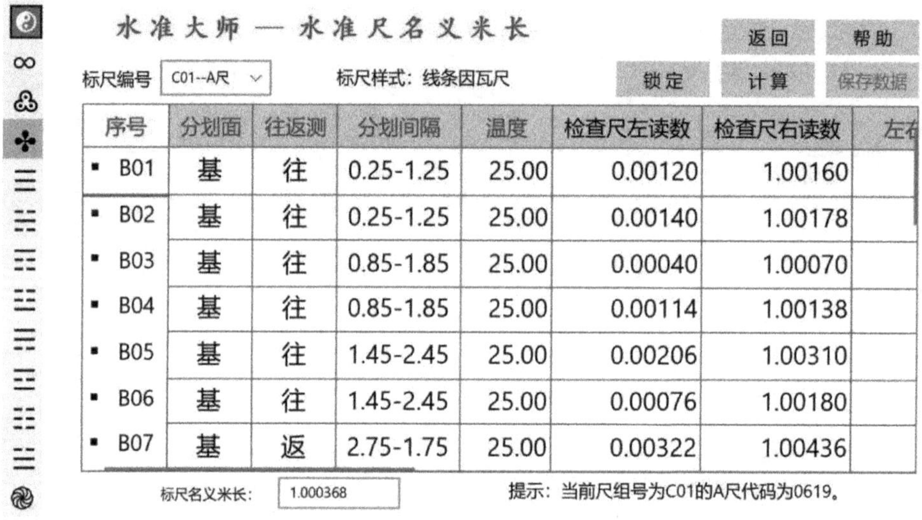

序号	分划面	往返测	分划间隔	温度	检查尺左读数	检查尺右读数	左右
B01	基	往	0.25-1.25	25.00	0.00120	1.00160	
B02	基	往	0.25-1.25	25.00	0.00140	1.00178	
B03	基	往	0.85-1.85	25.00	0.00040	1.00070	
B04	基	往	0.85-1.85	25.00	0.00114	1.00138	
B05	基	往	1.45-2.45	25.00	0.00206	1.00310	
B06	基	往	1.45-2.45	25.00	0.00076	1.00180	
B07	基	返	2.75-1.75	25.00	0.00322	1.00436	

图 15-8 《水准大师》软件水准尺名义米长计算界面

（8）管理起算点（图 15-9）

起算点必须存储在起算点表内，对于高等级水准测量，必须详细设定经纬度、点位 H 值和重力数据等，这是相关改正的基础数据。

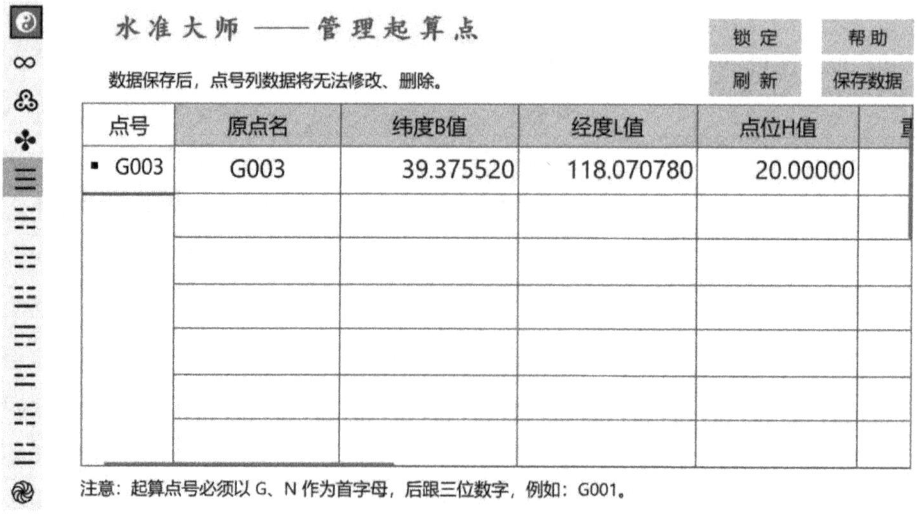

点号	原点名	纬度B值	经度L值	点位H值
G003	G003	39.375520	118.070780	20.00000

图 15-9 《水准大师》软件起算点管理界面

（9）管理待测点（图15-10）

待测点必须存储在待测点表内。进行网平差后，测段内部还包含待测点，须进行路段整理、测点整理，再输出测点报告。

点号	原点名	纬度B值	经度L值	近似H值	高程
▪ D002	D002	39.375600	118.071320	19.62114	
▪ D003	D002	39.375590	118.071060	19.43645	
▪ D004	D004	39.375540	118.070600	19.19427	
▪ D005	D005	39.375260	118.070610	18.87102	
▪ D006	D006	39.375280	118.070460	18.87824	
▪ D007	D007	39.375080	118.070520	18.63148	
▪ D022	D022	39.375280	118.071240	18.88763	

水准大师 —— 管理待测点　　分组　锁定　导入　导出　帮助
高程信度：6起算，5定值，4网平差，3改正，2初测，1估算，0未知。　保存　清零　整理　看图

点号列必须以 D、E、F、P 开头，后跟三至四位数字！例如：D001，保存后就不允许修改、删除。

图15-10 《水准大师》软件待测点管理界面

（10）管理路（环）线（图15-11）

路（环）线包含测段，是多个测段的连续组合，上午应进行往测，下午进行返测。一般可以省略路线整理及路线的网平差，仅应用于特殊环境，例如混合网，须先计算首级网的高程值，再计算次级网的高程值。

水准大师 —— 管理路（环）线　　锁定　输出　参数　帮助
仅在特定的环线内，需输入起点！信度4-6为基准点，其余为低信点。　保存　看图　整理　平差

路线号	路线名称	网平差	等级	地形	说明	
▪ X002	中线	True	二等	1	=	D
▪ X003	东线	True	二等	1	=	D

路线号必须以 X 为首字母，后为三或四位数字，例如：X001、X2008。路线号保存后就不允许修改、删除。

图15-11 《水准大师》软件路（环）线管理界面

（11）管理路段（图 15-12）

路段是相邻水准点之间的水准测线。路段的起止点必须在基准点或待测点表中。完成外业后，必须返回路段管理界面，先检查路段的网形，再全面整理路段数据，再进入网平差模块。完成网平差后，一般还需进入路段管理界面，再次全面整理路段数据，为测点整理作准备。

水准大师 —— 管理路段

清除　锁定　导出　参数　帮助
保存　看图　整理　平差

地形0为山区，1为平原。信度4-6为基准点，其余为低信点。

路段号	路线号	顺序	角色	网平差	等级	地形	路段名称	起点
L002	X002	0	2	True	二等	1	2	D00
L003	X002	0	2	True	二等	1	3	G00
L004	X002	0	2	True	二等	1	4	D00
L901	X002	0	2	True	二等	1	901	G00
L902	X002	0	2	True	二等	1	902	D00
L903	X002	0	2	True	二等	1	903	E00
L008	X003	0	2	True	二等	1	8	D00

路线号以X为首字母，路段号以L为首字母，后3-4位数字，例如：路段 L003。路段号保存后严禁修改删除！

图 15-12 《水准大师》软件路段管理界面

（12）查看路段图（图 15-13）

路段数据设置完成后，可在水准路段管理界面查看路段图。路段图中包含测点性质（基准点和待测点）、点名、路段完成情况、测量方向等内容。测量完成并合格时，路段表示线为实线；测量未完成或者测量数据不合格，路段表示线为虚线。支持深、浅两种底色的路线图导出功能。

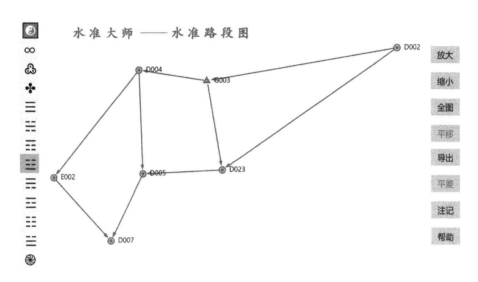

图 15-13 《水准大师》软件路段图界面

（13）水准外业测量（图 15-14）

外业时要先选定路段；输入每行的数据后，点击单行快存按钮；全部数据录入完毕后再执行全面存储；自动计算各项数据。输入数据时可采用智能浮出的虚拟触屏键盘。

点号	后尺距离	前尺距离	后尺_Y1	后尺_Y2	前尺_Y3	前尺_Y4
01	19.66	19.51	1.47590	1.47580	1.73460	1.73450
D003	9.42	9.50	1.54660	1.54670	1.47240	1.47250
03	19.50	19.62	1.50810 ×	.50800	1.53590	1.53600
G003	18.56	18.37	1.46770	1.46800	0.87650	0.87660
05	18.50	18.40	0.77500	0.77500	1.36520	1.36530
D003	19.45				1.37270	1.37260
07	8.90	8.99	1.37940	1.37910	1.43800	1.43820

路线X ≥ 区段Q ≥ 路段L ≥ 测段。临时点（A,B,C），待测点（D,E,F,P），起算点（G,N）即高程起算点。

图 15-14 《水准大师》软件外业测量界面

（14）外业温度记录（图 15-15）

二等及以上水准测量必须记录温度数据，用于计算水准尺温度改正使用。

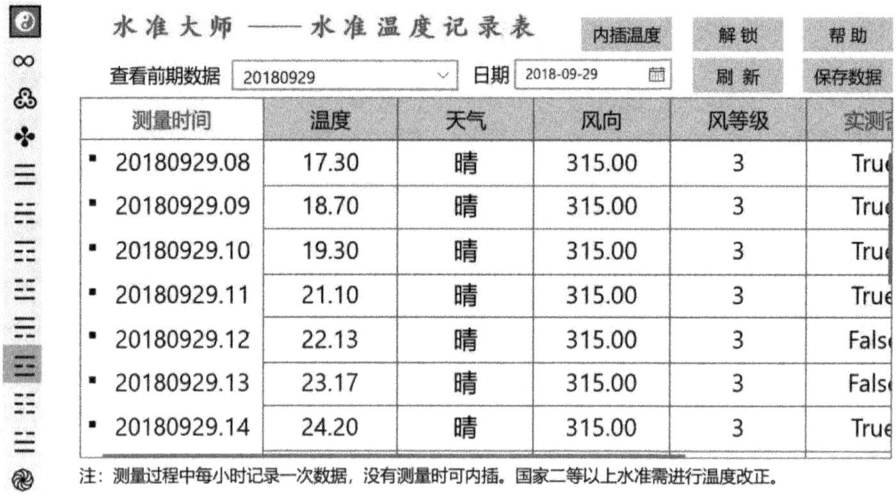

测量时间	温度	天气	风向	风等级	实测合
▪ 20180929.08	17.30	晴	315.00	3	True
▪ 20180929.09	18.70	晴	315.00	3	True
▪ 20180929.10	19.30	晴	315.00	3	True
▪ 20180929.11	21.10	晴	315.00	3	True
▪ 20180929.12	22.13	晴	315.00	3	Fals
▪ 20180929.13	23.17	晴	315.00	3	Fals
▪ 20180929.14	24.20	晴	315.00	3	True

注：测量过程中每小时记录一次数据，没有测量时可内插。国家二等以上水准需进行温度改正。

图 15-15 《水准大师》软件温度记录界面

（15）水准网平差（图 15-16）

本软件默认采用间接平差方法。软件包含六种平差方式，依次为按测站定权、按距离定权、按测站和等级综合定权、按距离和等级综合定权、按测站和精度综合定权、按距离和精度综合定权。推荐使用按测站定权，用户可根据自身需要选择定权方法。当多个测量小组同时测量一个项目时，需先进行数据合并，再执行网平差。网平差后，可输出网平差报告，并应将平差成果写入数据库的待测点表与路段表内。一般按路段进行数据整理、网平差，特殊情况也可按路线进行数据整理、网平差。

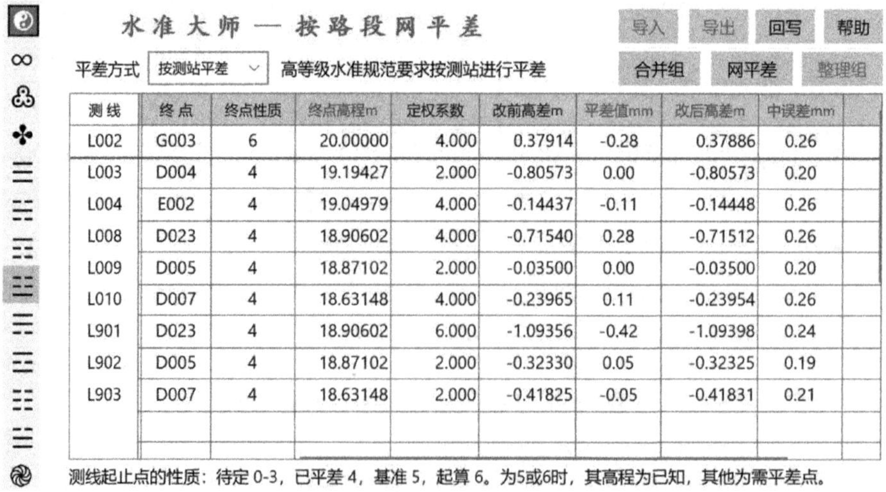

测线	终点	终点性质	终点高程m	定权系数	改前高差m	平差值mm	改后高差m	中误差mm	
L002	G003	6	20.00000	4.000	0.37914	-0.28	0.37886	0.26	
L003	D004	4	19.19427	2.000	-0.80573	0.00	-0.80573	0.20	
L004	E002	4	19.04979	4.000	-0.14437	-0.11	-0.14448	0.26	
L008	D023	4	18.90602	4.000	-0.71540	0.28	-0.71512	0.26	
L009	D005	4	18.87102	2.000	-0.03500	0.00	-0.03500	0.20	
L010	D007	4	18.63148	4.000	-0.23965	0.11	-0.23954	0.26	
L901	D023	4	18.90602	6.000	-1.09356	-0.42	-1.09398	0.24	
L902	D005	4	18.87102	2.000	-0.32330	0.05	-0.32325	0.19	
L903	D007	4	18.63148	2.000	-0.41825	-0.05	-0.41831	0.21	

测线起止点的性质：待定 0-3，已平差 4，基准 5，起算 6。为5或6时，其高程为已知，其他为需平差点。

图 15-16 《水准大师》水准网平差界面

（16）查看平差结果（图 15-17）

完成网平差后，需仔细查看平差报告，检查起算点、待测点数、加权方式、单位权中误差、全中误差等参数。平差报告的后部有系数矩阵、法方程等中间计算过程参数，仅供科研人员核对计算方法与成果。须注意，全中误差才是水准网精度评定的主要参数，各点的中误差可分析水准网中某点的测量精度。如水准网的全中误差符合该等级水准网的要求，再将平差成果回写至数据库中。没有回写前，仅在内存中查看，不影响数据库的数据。

间接平差成果

按测站数加权，进行水准网间接平差成果：
实测：9 条边；基准点：1 个；待测点：6 个。
已知 1 个基准点的高程值（m）为：
G003 = 20.00000。
水准网的综合单位权中误差：0.16 mm。
水准网的每千米的全中误差：0.84 mm。
网平差后，各待测点的高程值（m）及中误差（mm）为：
D002，19.62114，0.26
D004，19.19427，0.20
D005，18.87102，0.24
D007，18.63148，0.32
D023，18.90602，0.24
E002，19.04979，0.32

间接平差，误差方程的系数矩阵 B 及常数向量 l 如下：
D002，D004，D023，E002，D005，D007，常数向量
-1.0，0.0，0.0，0.0，0.0，0.0，0.0000
0.0，1.0，0.0，0.0，0.0，0.0，0.0000 　　……略

图 15-17 《水准大师》水准网平差成果

（17）查看路段成果（图 15-18）

成果界面中包含全部需要的改正数据、中间成果和最终成果数据。网平差后，各项数据合格，无须进行外业补充测量时，还需要再次整理路段数据（对路段中间的待测点进行路环线平差）。

水准大师 —— 管理路段

清除　锁定　导出　参数　帮助

保存　看图　整理　平差

地形0为山区，1为平原。信度4-6为基准点，其余为低信点。

路段号	测站数	往测高差	返测高差	往测闭合差	返测闭合差	总闭环差	路段权值	偶然中误差	精度分数
L003	2	-0.80560	0.80587	0.14	0.14	0.27	2.000	0.00	100.0
L901	6	-1.09404	1.09307	-0.49	-0.49	-0.98	2.000	0.00	100.0
L004	4	-0.14420	0.14455	0.17	0.17	0.35	0.000	0.14	100.0
L902	2	-0.32325	0.32335	0.05	0.05	0.10	0.000	0.00	100.0
L903	2	-0.41800	0.41850	0.25	0.25	0.50	0.000	0.00	100.0
L002	4	0.37890	-0.37938	-0.24	-0.24	-0.48	0.000	0.85	65.0
L008	4	-0.71541	0.71540	0.00	0.00	-0.01	0.000	0.50	85.0
L009	2	-0.03520	0.03480	-0.20	-0.20	-0.40	0.000	0.00	100.0
L010	4	-0.23975	0.23955	-0.10	-0.10	-0.20	0.000	0.13	100.0
L401	0	0.00000	0.00000	0.00	0.00		0.000		0.0
L402	0	0.00000	0.00000	0.00	0.00		0.000		0.0

路线号以 X 为首字母，路段号以 L 为首字母，后3-4位数字，例如：路段 L003。路段号保存后严禁修改删除！

图 15-18　《水准大师》软件查看路段的成果

（18）查看并输出各待测点成果（图 15-19）

经"外业测量"→"路段整理"→"网平差"→再次"路段整理"后，才可进入"管理待测点"界面，点击"整理"按钮后，最终查看并核对各待测点的实测次数、最大值、最小值、平均高程、中误差、精度分数等参数，输出各点的本期水准测量成果。

水准大师 —— 管理待测点

分组　锁定　导入　导出　帮助

保存　清零　整理　看图

高程信度：6起算，5定值，4网平差，3改正，2初测，1估算，0未知。

点号	实测次数	超差次数	最大H值	最小H值	平均H值	加权H值	中误差mm	精度分数
D002	2	0	19.62099	19.62099	19.62099	19.62099	0.17	1.000
D003	2	0	19.43654	19.43612	19.43633	19.43633	0.09	1.000
D004	3	0	19.19387	19.19387	19.19387	19.19387	0.13	1.000
D005	3	0	18.87066	18.87066	18.87066	18.87066	0.16	1.000
D006	2	0	18.87786	18.87781	18.87783	18.87783	0.17	1.000
D007	2	0	18.63111	18.63111	18.63111	18.63111	0.21	1.000
D008	0	0	0.00000	0.00000	0.00000	0.00000		0.000
D009	0	0	0.00000	0.00000	0.00000	0.00000		0.000
D010	0	0	0.00000	0.00000	0.00000	0.00000		0.000
D011	0	0	0.00000	0.00000	0.00000	0.00000		0.000
D012	0	0	0.00000	0.00000	0.00000	0.00000		0.000

点号列必须以 D、E、F、P 开头，后跟三至四位数字！例如：D001，保存后就不允许修改、删除。

图 15-19　《水准大师》软件查看各待测点的成果

15.6 数据转换接口

为了方便数字水准仪与《水准大师》软件进行配套使用、扩充软件功能、减少人工输入的劳动强度，开发者又编制了一款数据转换接口软件，如图 15-20 所示。

图 15-20 《水准大师》数据转换专用接口软件

《水准大师》数据转换专用接口软件，支持几款主流的数字水准仪，且可不断扩展应用范围，能将主流数字水准仪存储的原始数据转换为《水准大师》软件需要的数据格式，方便导入《水准大师》软件再进行数据处理、分组合并、网平差、展示图件和报告生成等工作。该接口软件可智能读取 dat 文件中的观测顺序、起点号、终点号、测站数据等内容，预览数据转换的成果，导出满足《水准大师》软件使用的水准测量数据。

15.7 小结

以上介绍了《水准大师》软件的相关功能及操作过程，要仔细留意各项提示信息，遵循自上而下、自左至右的总原则，按照操作流程处理相关数据，仔细核对数据的精度指标，再提供给用户使用。通过操作软件，逐渐熟悉水准测量的相关知识；再通过不断的知识积累，逐步提高软件操作技能。

祝愿读者们，能通过本书了解水准测量的基础知识，提高水准测量外业操作及数据处理能力，顺利完成好各类水准测量项目。

附　录

附录一　水准测量中推荐的相关字符含义

字符	基本含义	字符	基本含义
A	标尺 A，A 尺	a	A 尺的读数，A 尺的相关值
B	标尺 B，B 尺	b	B 尺的读数，B 尺的相关值
C	尺组（A 尺与 B 尺组合）	c	初测值、初始值或初略值
D	测点号，方向（角度）	d	方向（角度）
E	测点号，期望值	e	期望值，理论值
F	测点号，返测	f	返测，返测高差，返测数据
G	起算点号，基准高程值	g	基础改正值，重力参数 $[\Delta g]$
H	常用高程值，近似高程值	h	高差
I	水准仪的 i 角，固定参数	i	水准仪的 i 角 $[\Delta i]$
J	基辅对差（基辅差 J_a, J_b）	j	基辅差 $[\Delta j]$
K	左线，固定参数	k	左线，左线高差
L	路段编号，距离值，长度值	l	（与数字 1 太接近，禁用）
M	中转点，固定参数	m	中转点，中间点，中点
N	起算点号，次数，频数	n	次数，频数
O	（与数字 0 太接近，禁用）	o	起始数，已知数
P	起算点号，平均值，中值	p	平均值，中值
Q	起点，高差不符值	q	起点，起点值
R	右线，右（Right）	r	右线，右线高差
S	面积，有关参数，开平方	s	实际值，真值
T	时间	t	温度 $[\Delta t]$
U	闭合环线的闭合差（闭环差）	u	闭合环线的闭合差（闭环差）$[\Delta u]$

（续表）

字符	基本含义	字符	基本含义
V	附合测线的闭合差（附合差）	v	附合测线的闭合差（附合差）$[\Delta v]$
W	往测	w	往测，往测高差，往测数据
X	路线编号，未知数，估计值	x	未知数，估计值
Y	原始数，原始读数	y	原始数，原始读数
Z	终点	z	终点，终点值
Δ	改正数，实际误差（德尔塔）	δ	近似误差（小写：德尔塔）
Σ	求合计，累计值（西格玛）	σ	中误差（小写：西格玛）
α	零点不等差（阿尔法）$[\Delta\alpha]$	β	名义米长（贝塔）$[\Delta\beta]$
γ	水准面不平行（伽玛）$[\Delta\gamma]$	ε	固体潮（艾普西隆）$[\Delta\varepsilon]$
η	海潮（艾塔）$[\Delta\eta]$	ω	测网（欧米伽）$[\Delta\omega]$
ψ	人为舍位（普西）$[\Delta\psi]$	τ	总量（套）$[\Delta\tau]$
说明	未知数(x)→原始数(y)→初测值(c)→改正值(g)→期望值$(e)\approx$真值(s) 特例：在基础改正公式内字符较多，应使用规范中字符，必须单独注释。		

附录二　智能化水准测量定义的测线类型

大类	型	测线的统称	路段简称	路线简称	闭环性	附合性	重复性
异常	0	异常测线	异常路段	异常路线	x	x	x
常规测线	1	支线（射线）			—		—
	2	闭合支线			✔		往返
	3	环线（单向环线）			✔		—
	4	往返环线			✔		往返
	5	附合测线	附合路段	附合路线	—	✔	—
	6	往返附合测线	往返附合路段	往返附合路线	✔	✔	往返
双转测线	7	双转支线			✔		右左
	8	双转环线			✔		右左
	9	双转附合测线	双转附合路段	双转附合路线	✔	✔	右左
说明	测线是路线、区段、路段、测段的统称，软件以路线和路段为基本单元。 双转测线的右线与左线，都类似常规测线的往测，计算公式稍有差异。 双转测线与往返测的常规测线，可计算偶然中误差，用于判断测线精度。						

附录三　水准测量的各项改正

序号	符号	改正项	适用等级	备注
1	Δj	基辅改正（基辅差改正）	所有等级	（基辅）
2	$\Delta\alpha$	尺加改正（零点不等差改正）	所有等级	（尺加）
3	$\Delta\beta$	尺乘改正（名义米长改正、尺长改正）	四等以上	（尺乘）
4	Δt	尺温改正（标尺的温度改正）	二等以上	（尺温）
5	Δi	i 角改正（水准仪 i 角改正）	—	水准大师新增
6	$\Delta\varepsilon$	固体潮改正（日月引力改正）	二等以上	需天文参数
7	$\Delta\eta$	海潮改正（海水涨落改正）	二等以上	仅海边需要
8	$\Delta\gamma$	不平行改正（正常水准面不平行改正）	四等以上	需位置参数
9	Δg	重力改正（重力异常改正）	二等以上	需重力参数
10	$\Delta\omega$	网平差改正（测网的间接平差）	所有等级	测网
11	Δu	闭环差改正（闭合环线的闭合差改正）	所有等级	路(环)线
	Δv	附合差改正（附合测线的闭合差改正）	所有等级	
12	$\Delta\psi$	舍位改正（人为舍位、调整参数等）	—	可忽略
13	$\Delta\tau$	总体改正	所有等级	
公式		$\Delta\tau=\Delta j+\Delta\alpha+\Delta\beta+\Delta t+\Delta i+\Delta\varepsilon+\Delta\eta+\Delta\gamma+\Delta g+\Delta\omega+\Delta u+\Delta v+\Delta\psi$ 公式释义：水准测量的总改正值等于各项改正值之和。		

附录四 各等级水准测量的技术指标

参数	特等	一等	二等	精密	三等	四等	五等	六等	七等	八等	备注
偶然中误差	0.3	0.45	1	2	3	5	7.5	10	15	25	mm
全中误差	0.6	1	2	4	6	10	15	20	30	50	mm
往返测高差不符值	1.8*Sk	1.8*Sk	4*Sk	8*Sk	12*Sk	20*Sk	30*Sk	40*Sk	60*Sk	100*Sk	mm
左右线高差不符值	1.2*Sk	1.8*Sk	4*Sk	6*Sk	8*Sk	14*Sk	20*Sk	30*Sk	45*Sk	75*Sk	mm
平原闭合差	1.4*Sk	2*Sk	4*Sk	8*Sk	12*Sk	20*Sk	30*Sk	40*Sk	60*Sk	100*Sk	mm
山区闭合差	1.4*Sk	2*Sk	4*Sk	8*Sk	15*Sk	25*Sk	30*Sk	40*Sk	60*Sk	100*Sk	mm
检测段高差的差	**2*Sk**	3*Sk	6*Sk	12*Sk	20*Sk	30*Sk	40*Sk	60*Sk	90*Sk	150*Sk	mm
水准仪 i 角	10	15	15	15	20	20	25	25	30	30	秒
单尺基辅读数差	0.3	0.3	0.4	0.5	2	3	4	6	10	15	mm
双尺基辅读数差	0.4	0.4	0.6	0.7	3	5	7	10	15	20	mm
双尺零点不等差	0.1	0.1	0.1	0.1	1	1	2	2	4	4	mm
双尺名义米长偏差	0.05	0.05	0.05	0.1	0.5	0.5	1	1	2	2	mm
单尺名义米长区间	1.0001 0.9999	1.0001 0.9999	1.0001 0.9999	1.0002 0.9998	1.0005 0.9995	1.0005 0.9995	1.001 0.999	1.001 0.999	1.002 0.998	1.002 0.998	m
正尺测量读数区间	2.80 0.65	2.80 0.65	2.80 0.55	2.80 0.45	2.80 0.30	2.80 0.30	4.80 0.20	4.80 0.20	4.90 0.10	4.90 0.10	m
倒尺测量读数区间	-0.65 -2.80	-0.65 -2.80	-0.55 -2.80	-0.45 -2.80	-0.30 -2.80	-0.30 -2.80	-0.20 -4.80	-0.20 -4.80	-0.10 -4.90	-0.10 -4.90	m
单站视距差	0.5 1	0.5 1	1 1.5	1.5 2	2	3	5	10	20	60	光学 数字
累计视距差	1.5 3	1.5 3	3 6	3 6	5	10	15	30	60	200	光学 数字
测站间最小距离	2 4	2 4	2 3	2 3	2	2	1	1	1	1	光学 数字
测站间最大距离	30	30	50	60	75 100	100 150	150	200	300	500	光学 数字
说　明	表中"*Sk"是*Sqr(km)的缩写，表示需乘以相应距离千米数的开方值。 中上部各行(mm)及视距差的相关限差都可正可负，为正负(±)区间值。 后部八行省略了单位米(m)；光学与数字是水准仪的类型标识。										

参 考 文 献

[1] 国家测绘局. 国家一、二等水准测量规范：GB／T 12897—2006[S]. 北京：中国标准出版社，2006.

[2] 国家测绘局. 国家三、四等水准测量规范：GB／T 12898—2009[S]. 北京：中国标准出版社，2009.

[3] 国家测绘局. 测绘成果质量检查与验收：GB／T 24356—2009[S]. 北京：中国标准出版社，2009.

[4] 国家测绘局. 数字测绘成果质量检查与验收：GB／T 18316—2008[S]. 北京：中国标准出版社，2008.

[5] 中华人民共和国地质矿产部. 地面沉降水准测量规范：DZ／T 0154—1995[S]. 北京：中华人民共和国地质矿产部，1996.

[6] 中华人民共和国铁道部. 高速铁路工程测量规范：TB 10601—2009[S]. 北京：中国铁道出版社，2010.

[7] 武汉大学测绘学院. 误差理论与测量平差基础[M]. 武汉：武汉大学出版社，2014.

[8] 杨俊志. 数字水准测量[M]. 北京：测绘出版社，2009.

[9] 臧立娟，王凤艳，等. 测量学[M]. 武汉：武汉大学出版社，2017.

[10] 杨俊志，李恩宝，等. 测量学[M]. 北京：测绘出版社，2009.